W0179969

BESTSELLER
PLATZ 1
IN DER AMAZON-KATEGORIE
BUSINESS & KARRIERE

BESTSELLER
PLATZ 1
IN DER AMAZON-KATEGORIE
JOB & KARRIERE

BESTSELLER
PLATZ 1
IN DER AMAZON-KATEGORIE
MANAGEMENT

BESTSELLER
PLATZ 1
IN DER AMAZON-KATEGORIE
EXISTENZGRÜNDUNG &
SELBSTSTÄNDIGKEIT

BESTSELLER
PLATZ 1
IN DER AMAZON-KATEGORIE
FÜHRUNG &
PERSONALMANAGEMENT

ERFOLG REICH

Tools & Techniken mit Strategie –

sicher ins Ziel als Unternehmer & Unternehmen

Impressum

Yasemin Yazan

Niedergärtenstr. 29

60435 Frankfurt

Deutschland

Dieses Buch ist ein Sammelband. Die Projektleitung bzw. der Herausgeber Yasemin Yazan haftet nicht für die inhaltliche Richtigkeit. Die Autoren sind für die Konformität ihrer Beiträge gem. geltendem Recht selbst verantwortlich.

© 2020 Yasemin Yazan, Frankfurt am Main

ISBN: 978-3-948026-00-4

1. Auflage 2020

Lektorat: Cinderella Glücklich

Umschlaggrafik & -gestaltung: Athanasios Nasopoulos

© Dieses Werk, einschließlich seiner Teile, ist urheberrechtlich geschützt. Jede Verwertung ist ohne Zustimmung der Projektleitung des E-Books „ERFOLG REICH. Tools & Techniken mit Strategie – sicher ins Ziel als Unternehmer & Unternehmen" unzulässig. Dies gilt insbesondere für die elektronische oder sonstige Vervielfältigung, Übersetzung, Verbreitung und öffentliche Zugänglichmachung.

Hinweis:

Wir sprechen Menschen jeden Geschlechts an, auch wenn wir im Sinne der Lesbarkeit nur die männliche Ansprache verwenden.

Herausgeber:

Dr. des. Yasemin Yazan

Autoren:

Alexej Boris

Anamaria Hager

Christian Stein

Felix Wilde

Klaus Rommel

Markus Björn Günther

Dr. Martin Emrich

Monika Koch

Tilman Weinig

Dr. des. Yasemin Yazan

Inhalt

Vorwort von Hermann Scherer

Mit „*ERFOLG REICH. Tools & Techniken mit Strategie – sicher ins Ziel als Unternehmer & Unternehmen*" beleuchten neun erfolgreiche Experten eindrucksvoll den Unterschied zwischen „Erfolg haben" und „erfolgreich sein". Sie zeigen: Erfolgreich sein ist kein Zustand, sondern ein Prozess!

Ob Experte, Speaker, Coach oder Trainer – alle Autoren haben bewährte Strategien und Methoden entwickelt, um Spannungsfelder sowie Dilemmata erfolgreich zu meistern.

Mit diesem Werk liegt die Anleitung zum *ERFOLG REICH* sein in deinen Händen – unabhängig davon, wo du als Unternehmer derzeit stehst.

Herzlichst

Hermann Scherer

Vorwort von Dr. des. Yasemin Yazan (Hrsg.)

Erfolg haben und erfolgreich sein – beide Ausdrücke werden oft in einem Atemzug genannt und der kleine, entscheidende Unterschied geht verloren.

Erfolg haben kann jeder im Leben – in der Freizeit, im Beruf, in der Familie, im Großen wie im Kleinen. Erfolg haben stellt eine Momentaufnahme dar, bezieht sich also auf einen Zustand.

Erfolgreich sein, das schaffen jedoch nur die wenigsten. Warum?

Erfolgreich sein ist kein Zustand, sondern ein Prozess. Dieser Prozess braucht ein übergeordnetes Ziel (oft auch „Vision" genannt; treffender im Englischen: „overarching purpose"). Viele Wege führen dorthin. Manche funktionieren besser, andere entpuppen sich als ungeeignet. Die einzelnen Prozessschritte bis zum übergeordneten Ziel variieren entsprechend. Auf dem Weg begegnen uns Stolpersteine, unerwartete Ereignisse und vieles mehr, sodass uns Höhen und Tiefen gleichermaßen begleiten.

Wer also nach einem schnellen Patentrezept sucht, wird auf Dauer scheitern. Ausdauer, Disziplin und Beständigkeit hingegen sind fundamental. Strategien, Tools und Techniken sind wichtig, jedoch ist ihr situationsabhängiger und sinnvoller Einsatz entscheidend, denn der Handelnde ist umgeben von Spannungsfeldern und Dilemmata, in denen er stets schnell und angemessen neue Entscheidungen treffen muss. Erst in der Rückschau lässt sich das Vorgehen reflektieren und bewerten, um anschließend Lessons Learned abzuleiten und weiterzumachen.

Dieses Buch gibt nicht nur wertvolle Tipps an die Hand, die sich in der Praxis bewährt haben. Es zeigt vor allem relevante Nuancen auf, die den entscheidenden Unterschied ausmachen zwischen Erfolg haben und erfolgreich sein.

Viele Aha-Momente beim Lesen wünscht dir deine

Yasemin

Dr. des. Yasemin Yazan

Erfolg haben – erfolgreich sein – erfolgreich bleiben

Alle Welt spricht von Erfolg. Bei genauer Betrachtung wird deutlich, dass sich dabei die Wenigsten Gedanken darüber machen, was er für den Einzelnen bedeutet, welche Differenzierungen sinnvoll wären und welche Aspekte einen Einfluss auf Erfolg haben. Nicht nur, dass Erfolg sehr facettenreich ist, er lässt sich nicht allgemeingültig definieren und stellt auch nicht das tatsächliche übergeordnete Ziel dar.

Als Herausgeber gehe ich mit meinem Beitrag auf grundlegende Aspekte des Erfolgs ein, um das Fundament dieses Werks zu bilden. Der Fokus liegt darauf, erforderliche Gesamtzusammenhänge aufzuzeigen, damit für dich als Leser nachvollziehbar wird, weshalb gerade die hier gewählten Beiträge relevant für das Thema sind und folglich die Kapitel des Buches bilden.

Als Experte aus der Praxis mit wissenschaftlicher Verankerung ist es mir wichtig, meine Aussagen mit Belegstellen zu stützen. Hierfür greife ich auf Interviews mit erfolgreichen Prominenten, öffentlich zugängliche Vorträge und Zitate zurück, die bereits vorhandene Ergebnisse aus meiner Forschungspraxis widerspiegeln und untermauern.

1. Erfolg ist relativ

Was ist eigentlich Erfolg und wann ist jemand erfolgreich? Geht es darum, Ziele zu erreichen, finanzielle Unabhängigkeit zu erlangen, glücklich zu sein, Familie und Freunde zu haben oder gesund zu sein? Diese Fragen lassen sich nur schwer beantworten, denn die Bestimmung des Begriffs liegt im Auge des Betrachters und ist damit relativ. Zur Veranschaulichung ein Beispiel:

Im Sinne der Wirtschaftlichkeit führt ein Unternehmen eine Restrukturierung durch, bei der u. a. Personalstellen gestrichen werden. Die Gewinnmarge steigt, da die Personalkosten gesenkt werden, sodass die Restrukturierung aus Unternehmenssicht erfolgreich umgesetzt worden ist – unabhängig davon, dass einzelne Mitarbeiter ihren Arbeitsplatz verloren haben. Betroffene Mitarbeiter hingegen betrachten die Maßnahme nicht als erfolgreich, weil sie zu den unmittelbar Geschädigten zählen. Das Beispiel verdeutlicht, dass dieselbe Situation je nach Perspektive unterschiedlich erlebt wird, sodass wiederum die Bewertung von Erfolg bzw. Misserfolg perspektivenabhängig, also relativ, ist.

Erfolg lässt sich aus diesem Grund nicht allgemeingültig bestimmen. Jeder Versuch der Quantifizierung ist willkürlich. Ein Interview, das ich mit George Ross geführt habe, stützt diese Aussage. Er war 47 Jahre lang Donald Trumps rechte Hand und ist prominenter Lehrlingsrichter sowie Bestseller Autor. George beschreibt das von mir dargestellte Phänomen in einem unserer Interviews wie folgt:

„Erfolg kann man nicht festhalten. Und man kann erfolgreich sein nicht festnageln. Beides ist relativ zu dem, was man tut. Du kannst sagen: ‚Ja, ich bin erfolgreich‘, aber was bedeutet

das? ‚Ich verdiene so viel Geld, wie ich dachte, dass ich verdienen könnte. Ich habe genauso viele Geschäfte gemacht. Ich habe die Beziehungen, die ich brauche.' Man kann Erfolg nicht beziffern. ... Man kann ihn nicht quantifizieren, es sei denn, man setzt eine willkürliche Grenze. ‚Ja, ich bin erfolgreich, wenn ich eine Million Dollar verdient habe.' Nein, das ist willkürlich. Bist du wirklich erfolgreich? Vielleicht hättest du fünf Millionen verdienen sollen. Du kannst deinen Erfolg also nur auf der Grundlage dessen messen, was du tust und was du für dein Leben gewählt hast. Wie hast du die Ergebnisse erreicht, von denen du dachtest, du wolltest sie erreichen? Um sie zu erreichen, musst du das Ziel haben. Finde heraus, was das Ziel ist, und wenn du dann das Ziel erreicht hast, bist du an diesem Punkt wohl erfolgreich, aber das ist relativ."*

Auf meine Frage, was denn Erfolg für ihn persönlich bedeute, führt George weiter aus:

„Persönlich habe ich in Bezug auf den Erfolg das getan, was ich in der jeweiligen Situation, die mir geboten wurde, für angemessen und für das Beste hielt. ... Und manchmal hat es geklappt, und manchmal hat es nicht geklappt. Aber ich habe das Beste getan. Ich habe mir die nötigen Gedanken gemacht und das getan, was ich damals für angemessen hielt. Und ich werde nicht zurückblicken und sagen, dass ich etwas falsch gemacht habe."*

Aus dieser Perspektive betrachtet, die sich übrigens mit der von Menschen deckt, die wir wahrscheinlich alle als erfolgreich bezeichnen würden, bedeutet das: Jeder, der sich ein Ziel setzt und dieses fokussiert angeht, kann Erfolg haben, sobald er sein Ziel erreicht – unabhängig davon, wie klein oder groß das gesetzte Ziel ist und ob es sich um ein privates oder berufliches Ziel handelt. In Georges Zitat zeigt sich ein zweites interessantes Phänomen, wie auch in vielen anderen Interviews, die ich zum Thema Erfolg durchgeführt habe: Erfolgreiche Menschen sprechen meist nicht von Misserfolgen oder gar vom Scheitern. Eine genaue Analyse des Datenmaterials im Rahmen einer meiner Forschungsarbeiten zeigt: Dies ist u. a. darauf zurückzuführen, dass erfolgreiche Menschen ihr Handeln regelmäßig reflektieren und Lessons Learned auf neue Situationen übertragen, um einen Fehler in Zukunft kein zweites Mal zu wiederholen. Offensichtlich hat sich ihr Blickwinkel auf Fehler geändert, es hat eine Umdeutung stattgefunden. Lassen sie Situationen aus der Vergangenheit Revue passieren, blicken sie nicht auf Misserfolg oder Scheitern, sondern auf etwas, das ihnen Lernen erst ermöglicht hat. Es ist also nicht verwunderlich, dass George diesen Aspekt in unserem Interview ebenfalls anspricht:

> *„Du lernst aus deinen Misserfolgen mehr als aus deinem Erfolg. Also, wenn du etwas getan hast, [und] es nicht so gelaufen, wie du es dir vorgestellt hast, gehe zurück und finde heraus, was schiefgelaufen ist. Und dann, tue es ... [nicht] erneut."*

Setze dir Ziele, arbeite fokussiert an ihrer Realisierung und stelle auf dem Weg sicher, dass du dein Handeln regelmäßig reflektierst, um Fehler nicht zu wiederholen. Klingt erst einmal simpel. Aber wie kommt es dann, dass Menschen eine innere Leere beschreiben, nachdem sie individuell gesetzte Ziele erreicht haben? Oder dass Menschen trotz finanziellen Reichtums unglücklich sind? Andere haben wiederum Freunde, Familie und Gesundheit und sind dennoch nicht zufrieden. Haben diese Menschen etwa keinen Erfolg?

2. Erfolg haben vs. erfolgreich sein

Dieter Lange, Geschäftsführer des Instituts für angewandte Kreativität, Trainer für Führungsseminare und Coach von Vorständen europäischer Unternehmen, bringt es sehr treffend auf den Punkt, wenn er sagt, dass wir im Leben nicht ankommen können. Erfolg mache traurig, weil wir in diesem Moment etwas erwarteten, was sich niemals erfüllen könne. In einem seiner öffentlich zugänglichen Vorträge führt Dieter zur Veranschaulichung zahlreiche Beispiele an. Er stellt einen Bezug zu Lebensgeschichten von Prominenten her, die es vermeintlich geschafft haben:

> *„Boris Becker. Melbourne. Matchball gewonnen, für wenige Wochen Nummer eins der Weltrangliste. Da lässt er den Schläger fallen, rennt aus dem Stadion, sitzt am Kanal und weint. Warum? Was ist ihm klar geworden in genau diesem Moment? Das kann er nie mehr toppen. Von dort gibt's nur noch eine Richtung [Handbewegung nach unten]. Michael Schumacher bei der legendären Pressekonferenz in Monza, als ein Journalist ihm zuruft: ,Das war dein 41. Grand Prix Sieg, genauso viele hatte jemals Ayrton Senna, jetzt bist du die alleinige Nummer eins.' Davon hatte klein Schumi immer geträumt. ,Irgendwann bin ich die Nummer eins.' Das hatte sich in genau diesem Moment erfüllt. Und was sehen wir? Einen Michael Schumacher, der mit Weinkrämpfen am Mikrofon zusammenbricht. Warum? Game over. Reinhold Messner ... im Vortrag eines großen Pharmakonzerns. Er sprach ... über seine Erstbesteigung [des] Mount Everest. ... Spannender Vortrag. Man fiebert mit ihm. Die letzten Schritte zum Gipfel. Und dann beschreibt er ihn, den Höhepunkt seiner Bergsteigerkarriere. Und das klang so: ,Nichts, gar nichts, was ich erhofft hatte, fand dort oben statt. Ich spürte nur völlige innere Leere und hatte nur einen Wunsch: runter. Freude empfand ich im Tal, als ich Kinder lachen hörte und Blumen sah. Dort oben war in meinem Leben nur ein Umkehrpunkt.'"*

Unabhängig davon, wie klein oder groß das gesetzte Ziel ist: Menschen wenden viel Zeit und Energie auf, um es zu erreichen. Und wenn sie angekommen sind? Dann setzen sie sich neue Ziele. Es entsteht ein „immer besser, schneller, höher". Warum? Der erhoffte Endzustand mit einem Gefühl angekommen zu sein, tritt nie ein. Im Businesskontext ist dieser Umstand darauf zurückzuführen, dass Menschen sich immer neue Ziele setzen, statt sich eine einzige relevante Frage zu stellen. In Dieters Worten: „Auf welche Frage möchtest du in deinem Business die Antwort sein?" Es gehe also um einen übergeordneten Zweck bzw. übergreifenden Handlungsrahmen, englisch: overarching purpose bzw. common shared goal. Während Ziele für den Kopf sind, ist der Kontext das, was unsere Herzen bewegt, so Dieter. Um das Vorgetragene zu veranschaulichen, stellt Dieter eine hervorragende Analogie her:

„Man kann im Leben nicht ankommen. Der Weg ist das Ziel. In den Worten Buddhas: ‚There is no road to happiness, because happiness is the road.' Es gibt keinen Weg ins Glück. Das ist eine Illusion unseres Verstandes. Als Kinder wussten wird das. … [Ein Junge] baut … [eine Sandburg]. Wie immer, wenn Kinder etwas tun, tun sie es aus ganzem Herzen. Und fragen wir sie, warum, dann antworten sie mit ‚Darum!' Übrigens die intelligenteste Antwort auf diese Frage, in allen Sprachen gleich: because, parce que, porque. Nach zwei Stunden ist der Kleine fertig, das Werk ist getan, er steht sozusagen vor [dem], was wir in der Psychologie nennen: horror vacui [hier: Angst vor der inneren Leere]. Das Spiel ist aus. Und er beginnt, die Burg niederzureißen. Übrigens mit derselben Euphorie, mit der er sie aufgebaut hat. Und Vati flippt aus: ‚Bist du wahnsinnig? Machst doch alles kaputt.' Der Vater versteht eins nicht: Der Junge ist nicht am Ergebnis orientiert, sondern am Erlebnis. Der kreative Entstehungsprozess der Burg, das hat den Kleinen erfüllt. Die Burg ist fertig. Soll er

die verwalten, oder was? Für den Kleinen ist der Weg das Ziel. Sie fahren doch auch nicht Ski, um wieder am Lift zu stehen. ... Im Verkauf: ‚The chase is sweeter than the catch.' *– ... [Die Jagd ist besser als der Fang.] Sinn und Zweck jeden Erfolgs: An seinen Aufgaben zu wachsen und einen Beitrag zu leisten in eine Welt, in der wir leben möchten. Das Geheimnis von Erfolg: Mentale Konditionierung. Marlon Brando: ‚Niemand kann dich überholen, wenn du deinen eigenen Weg gehst.' Frank Sinatra: ‚I travelled each and every highway, but most of all, I did it my way.' Diese spielerische Gelassenheit bei dem, was wir tun, .. [die] ist uns verloren gegangen. Das heißt nicht, dass wir .. [das Ganze] nicht mehr ernst nehmen. ... Nein. Das ist nicht das Thema. Es gibt im Asiatischen einen wunderbaren Satz dazu: ‚Bist du Meister in einer Disziplin, musst du wieder Schüler werden in einer anderen.'"*

Es geht also um einen niemals endenden Prozess. Strebe nicht danach, Erfolg zu haben, indem du dir immer wieder neue Ziele setzt. Die Ziele sind wie Meilensteine auf deinem Weg. Sie helfen dir, den von dir definierten übergreifenden Handlungsrahmen zu erfüllen – nicht einmal, sondern immer wieder. Es gibt dabei keinen Endpunkt, kein Ankommen. Der Weg kann sich verändern, Ziele können variieren – je nachdem, was es braucht, um deinen persönlichen Beitrag im Sinne eines übergeordneten Zwecks für diese Welt zu leisten. Gelingt es dir, dich auf einen andauernden Prozess einzustellen und dich auf ihn einzulassen, eröffnest du dir selbst die Möglichkeit, dauerhaft erfolgreich zu sein, statt immer wieder punktuell vermeintlichen Erfolg zu haben.

Hieraus leitet sich die nächste Frage ab: Was genau braucht es, um sich auf diesen Prozess einzustellen und einzulassen?

3. Passion und Ausdauer

Handelt es sich um einen Prozess, bei dem es keinen Endpunkt gibt, ist nachvollziehbar, dass der Prozess Spaß machen muss. Ohne Spaß geht dir sonst irgendwann die Puste aus. Das ist sicher auch der Grund, weshalb erfolgreiche Menschen immer wieder davon sprechen, wie wichtig dein Warum, also dein Motiv, und die Leidenschaft bzw. deine Passion sind. In unserem Interview beschreibt die Fitnesstrainerin und zertifizierte Ernährungsberaterin Jillian Michaels dieses Phänomen wie folgt:

> *„Du musst passioniert sein, … dann hat diese Arbeit einen Zweck. … [Der] Zweck wird zur Leidenschaft. Die Leidenschaft ist das Warum, das es dir erlaubt, das Wie zu tolerieren, das die Arbeit und das Opfer ist, das mit dem Ziel verbunden ist."*

Fassen wir noch einmal zusammen und berücksichtigen dabei die bisherigen Ausführungen, bedeutet das: Wenn du das, was du tust, aus Leidenschaft tust, hat deine Arbeit einen Sinn. Die Leidenschaft bzw. die Passion stellt dein Warum dar, das dir erlaubt, das Wie deiner Arbeit und erforderliche Opfer zu tolerieren, die es braucht, um deinen übergeordneten Handlungsrahmens zu erreichen. Es geht um dein Warum zum Leben. Nicht die reine Zielerreichung steht im Fokus, sondern der Sinn deiner Arbeit. Merke dir:

> *„Wer ein Warum zum Leben hat, erträgt fast jedes Wie."* – *Gekürztes Zitat von Friedrich Nietzsche*

Was Jillian mit Toleranz und Opferbringen meint, wird in einer anderen Interviewpassage deutlich, in der sie sagt:

„[Es] ... gibt ... viele verschiedene Faktoren, die ... mitspielen, ... es gibt ... hunderttausende ... Bücher, die zu diesem Thema geschrieben wurden. Aber wenn ich einige Schlüsselkomponenten identifizieren würde, wären es ..., gestalte deinen Denkprozess neu ... Erkenne, dass dies Arbeit erfordert, dass es Opfer erfordert, dass es Zeit braucht, dass es sich lohnen muss. Du musst wissen, dass es nicht einfach sein wird, da reinzugehen ... So etwas wie Erfolg über Nacht gibt es nicht. Man wird keinen YouTube-Kanal starten und über Nacht Hunderttausende von Dollar mit Werbung verdienen. Nein, ... das Spielfeld ist ... nicht fair ... Das Leben ist nicht fair. Du wirst also Dinge tolerieren müssen, die nicht fair sind. Du wirst härter arbeiten müssen als alle anderen, länger als alle anderen, besser als alle anderen. Das gehört zum Erfolgreichsein dazu. Das ist die Realität .. Und wenn dir die Realität nicht gefällt, ... dann ist der Aufbau einer Marke vielleicht nichts für dich ... Das sind die Fakten. ... Wenn du .. [die Marke] aufbaust, werden sie kommen. Aber ... es .. [bedeutet] eine Menge Blut, Schweiß und Tränen. Es braucht verdammt viel Zeit. Es kann Jahre dauern – bis sich die Tür öffnet. Aber wenn sie sich öffnet, und das wird sie, solltest du besser darauf vorbereitet sein, denn – das ist der Unterschied zwischen in den Raum kommen und im Raum bleiben. Oder du öffnest die Tür, ... sagst 'Hallo' und bekommt sie vor der Nase zugeschlagen. Du bekommst diesen Moment, aber du musst dafür arbeiten. Du musst darauf warten. Und dann, wenn er kommt, wirst du genauso hart arbeiten, wenn nicht sogar ein bisschen mehr, um dorthin zu gelangen und dort zu bleiben. Denn wenn du erst einmal dort bist, dann versuchen alle, dich zu Fall zu bringen und sie fügen ein ganz neues Level an Druck hinzu. ... [Das] ist die Realität .. Das musst du wissen, wenn du hineingehst, und [du musst] bereit sein, die Arbeit zu tun."

Diese Interviewpassage verdeutlicht, dass Leidenschaft wichtig ist für die nötige Ausdauer, darüber hinaus bedeutet es jedoch tatsächlich harte Arbeit, ein Unternehmen aufzubauen und als Marke zu etablieren. Der Weg ist holprig, hält viele Überraschungen bereit und erfordert deinen Fokus. Du musst auf vieles vorbereitet sein, Ungeplantes aushalten und mit Unerwartetem angemessen umgehen können. Das ist allerdings noch nicht alles: Hast du es geschafft, dir Zugang zur Tür des Erfolgs zu verschaffen, kommt der nächste Schritt, der mindestens genauso viel Kraft und Ausdauer benötigt. Nun gilt es, den Erfolg dauerhaft aufrecht zu erhalten. Dir werden dabei viele Steine in den Weg gelegt, der Druck von außen erhöht sich massiv durch deine Wettbewerber und es liegt an dir, ob du am Duft des dauerhaften Erfolgs nur schnuppern darfst oder dich durchsetzt, um dich längerfristig im neuen Spielfeld zu bewegen.

Lass uns zunächst auf den Aspekt des Markenaufbaus eingehen, den Jillian ebenfalls anspricht, bevor wir uns mit dem Spielfeld des Erfolgreichseins befassen.

4. Markenaufbau und Sichtbarkeit

Viele Unternehmer überschätzen die Bedeutung der Qualität ihrer Arbeit und unterschätzen gleichzeitig die Relevanz des Markenaufbaus. Ein Phänomen, das vor allem in Deutschland stark ausgeprägt ist. Fakt ist: Die Qualität deiner Arbeit wird vorausgesetzt. Es bringt also herzlich wenig, dich z. B. als Berater oder Coach und Trainer zu bezeichnen und in deinem Profil auf verschiedenen Internet-Plattformen sowie auf deiner Webseite alle möglichen Ausbildungen aufzulisten, als würdest du einen Lebenslauf präsentieren. Hermann Scherer, der Business-Experte, Berater und Bestseller Autor, hat bereits vor einigen Jahren ein Dokument veröffentlicht. In diesem Dokument gibt er an, dass es allein in Deutschland 150.000 Berater und 90.000 Trainer und/oder Coaches gibt. Es werden täglich mehr. Diese Zahlen veranschaulichen, wie hart umkämpft diverse Branchen sind. Hermann sagt folglich treffend:

„Wir haben einfach unheimlich viele Menschen, die großartig sind, aber die nicht sichtbar sind. Was nützt es, gut zu sein, wenn keiner es weiß?"

Die Frage ist also, wie es dir gelingt, aus der Masse deiner Wettbewerber herauszustechen und von potenziellen Kunden und Kooperationspartnern wahrgenommen zu werden. Dein Handlungsspielraum erstreckt sich über Aspekte wie die Bildung eines Markenkerns, der Werte erlebbar macht und eine Botschaft mit Mehrwert sendet, über die Positionierung als Experte auf dem Markt bis hin zur Sichtbarkeit deines Unternehmens im Internet. All diese Themen zählen zum erfolgreichen Marketing. Interessanterweise befasst sich die Mehrheit der Solo-Unternehmer und Mittelständler im Vergleich zu Großunternehmen relativ wenig mit Marketing. Uwe Böning, ein Pionier und Mitbegründer des Coachings im deutschsprachigen Raum, stellt im Interview einen Bezug zu diesem Umstand her und führt aus:

> „Die wollen zwar alle leben von ihren Produkten, aber wenn Coaches ... ankommen und dann Werbung machen, fragen die: ‚Was machen Sie eigentlich für eine Werbung, sind Sie von Ihrem Produkt nicht überzeugt?‘ Das ist eine ... paradoxe Situation, dass selbst die, die davon leben, dass sie Werbung machen, es komisch finden, wenn die Kirche Werbung macht, es komisch finden, wenn Therapeuten Werbung machen. Aber warum eigentlich?"

Die Interviewpassage veranschaulicht, dass Marketingaktivitäten branchenabhängig unterschiedlich betrachtet und bewertet werden. Dieser Aspekt lässt sich darauf zurückführen, dass Marketing klassischerweise der Wirtschaftslogik zuzuordnen ist, die im Widerspruch zur Professionslogik steht. Während die Wirtschaftslogik die Umsatz- und Gewinnmaximierung zum Ziel hat, steht die Professionslogik im Zeichen des Gemeinwohls.

Eine meiner Forschungsarbeiten zeigt, dass die Akteure Aktivitäten nachgehen, die klassischerweise dem Marketing zuzuordnen sind, auch wenn handelnde Personen in diesem Spannungsfeld sich von der Verwendung des Begriffs Marketing distanzieren. Zu diesen Aktivitäten zählen beispielsweise die Publikation von Fachbüchern und die Teilnahme an Kongressen zur Vernetzung. Fachvorträge halten, um seine eigene Sichtbarkeit zu erhöhen, gehört ebenfalls dazu. Gerade in Zeiten der Digitalisierung und eines immer stärker werdenden Wettbewerbs gilt es, vermehrt neue Wege zu gehen und unvoreingenommen auszuprobieren, was einzelne Zielgruppen brauchen bzw. annehmen. Natürlich ist dies nicht gleichzusetzen mit dem Aufgeben eigener Werte und Maßstäbe, wie auch eine Passage aus dem Interview mit Jillian veranschaulicht:

> *„Stelle deine Prinzipien nicht in Frage. ... Ich gebe dir ein Beispiel – das ist für mich jetzt weit weniger reizvoll, als es am Anfang meiner Karriere gewesen wäre, aber es ist ein Fehler, den ich nie gemacht habe – also es gab für mich die Möglichkeit ..., eine kalorienarme Version eines bekannten .. [alkoholischen Getränks] zu unterstützen. Ich habe kein Problem damit, solange es keine künstlichen Farbstoffe, künstlichen Süßstoffe, künstlichen Fette, künstliche Aromen enthält [und] ... nur einer kalorienarmen Version des ... [alkoholischen Getränks entspricht]. Dann gut, trinke es in Maßen, wenn es eine bessere ... Wahl [für dich] darstellt. ... Aber wenn ich sofort denke: ‚Oh, da ist künstlicher Zucker drin, aber du bietest mir ... eine halbe Million Dollar für einen Tag Arbeit an – klar.' ... [Alle] werden wissen, dass ... ich voll scheiße bin, dass ich mich eigentlich nicht um sie schere, dass ich mich eigentlich nicht um meine Botschaft kümmere, ... Ich mache es für Geld. ... [Glaube] mir, es wird noch viele Gehaltsschecks geben, die mit Integrität kommen. Und in der Tat, ... Du wirst länger Gehaltsschecks bekommen, wenn du integer bist. Also kannst du die schnelle Lösung wählen. Aber es könnte der letzte Gehaltsscheck sein, den du je bekommst."*

Jedes Angebot, jede Aktivität, jedes Vorgehen ist demnach stets abzuwägen vor dem Hintergrund deiner eigenen Werte, deines Markenkerns und der Botschaft, für die du und dein Unternehmen einstehen. Das hat immer die höchste Priorität für deine Entscheidungen, um Glaubwürdigkeit und Vertrauen aufzubauen sowie dein Branding zu stärken.

5. Erfolgreich sein und erfolgreich bleiben

Betrachten wir nun das zuvor bereits erwähnte Spielfeld des Erfolgreichseins. Wie bereits dargestellt, kann jeder punktuell Erfolg haben. Erst mit einem übergeordneten Handlungsrahmen und daran ausgerichteten Teilzielen, die bei Erreichen Meilensteine eines großen Ganzen darstellen, entsteht ein dauerhafter Prozess, der Erfolgreichsein ermöglicht.

Der Umstand, sich einmal auf diesem Pfad zu befinden, bedeutet nicht automatisch, auch darauf bleiben zu können. Wie gelingt es also, nicht nur erfolgreich zu sein, sondern auch zu bleiben?

Genau danach frage ich Mel Gibson, den Schauspieler, Filmregisseur und Produzent, in einem Interview. Ich möchte gerne von ihm wissen, was ihm rückblickend auf seine Karriere am meisten dabei geholfen hat, sich nicht nur anzupassen, sondern immer wieder so zu transformieren, dass er es geschafft hat, nicht nur erfolgreich zu werden, sondern auch erfolgreich zu bleiben. Hierzu führt er aus:

> *„Ich denke, oft ist unser Unterbewusstsein am Werk. Und es ist nicht unbedingt an der Oberfläche. Und für mich – die Art und Weise, wie ich versucht habe, ... den unbewussten Aspekt dessen, was ich tue, und die Dinge, die ich erreicht habe, zu fördern – ... ist es so: Ich finde es sehr hilfreich, wenn du eine Haltung der Entspannung pflegen kannst und einen Ort, an dem du sozusagen meditieren kannst. Oder in der Lage bist, zu beten. Und gerade ... diese Art von Erkundung, Selbstbeobachtung, – Untersuchung über einen selbst und über etwas – manchmal scheint es auf wundersame Weise Aspekte von dir selbst zu öffnen, die nicht un-bedingt an der Oberfläche sind, aber tief sind und oft unbewusst. Ich meine, manchmal kommen die Dinge von Orten, von denen ich nicht einmal weiß, woher sie kommen, aber – Für mich ist es so,*

dass es funktioniert. ... [Es gibt] auch logische und kluge Din-
ge, die du tun musst. Ich mache nicht immer die klugen Din-
ge. Manchmal höre ich ... die Leute sagen: 'Du bist verrückt',
aber manchmal funktioniert es auch."

In diesem Interviewabschnitt sind verschiedene wichtige Aspekte
enthalten. Sie werden im Folgenden dargestellt und erläutert.

a) Reflexion

Mel betont nicht nur die Relevanz von Reflexion, sondern er nimmt
auch eine Differenzierung zwischen Selbstreflexion und Prozessre-
flexion vor. Beides hilft, Handlungen und Umstände zu analysieren,
zu bewerten und Lessons Learned abzuleiten. Eine Reflexion ist vor
allem deshalb wichtig, weil sich nicht jedes Vorgehen, jedes Verhalten und jede Handlung bereits im Vorfeld planen lassen. Erst regelmäßige Reflexion eröffnet die Möglichkeit einer rekonstruktiven
Betrachtung und Bewertung gewisser Aspekte. Dies gilt sowohl für
den beruflichen als auch privaten Kontext. Merke:

> *„Das Leben kann nur in der Schau nach rückwärts verstan-*
> *den, aber nur in der Schau nach vorwärts gelebt werden." –*
> *Søren Kierkegaard, dänischer Theologe und Philosoph*

b) Unterbewusstsein

Mels Aussage hat etwas Esoterisches, weil Mel von Meditation und
vom Beten spricht. Wie Dieter in einem seiner Vorträge erläutert,
bedeutet esoterisch im Grunde nichts anderes als nach innen zu
schauen, also nach innen orientiert zu sein. Exoterisch hingegen
steht für die Orientierung nach außen. Ob privat oder beruflich –

viele von uns fokussieren im Alltag materielle Dinge und sind damit nach außen orientiert. Dieses nach außen Orientiertsein ist kognitiv gesteuert. Wem jedoch die Schau ins Innen gelingt, der befindet sich an einem Übergang von Ge-wusst zu Be-wusst bzw. von Wissen zu Weisheit, so Dieter.

Im Grunde lenkt Mel unser Bewusstsein in dem dargestellten Interviewauszug genau auf diesen feinen Unterschied. Er zeigt auf, wie wichtig es ist, einen Rückzugsort zu haben, an dem es möglich wird, inne zu halten – Momente des Anhaltens zu haben. Er beschreibt eine Art wundersame Kraft, die genau in diesen Momenten zum Vorschein kommt und Kreativität sowie neue Ideen ermöglicht. Manchmal erscheinen sie anderen verrückt, aber sie sind genau das, was bei ihm funktioniert, betont Mel.

c) Pioniergeist

Mels Zitat zeigt, dass es nicht darum geht, immer auf andere zu hören, sondern darauf, den Mut zu haben, Dinge anders zu machen – unabhängig davon, wie andere Menschen das bewerten. Was für andere verrückt klingt, wird oft als Pioniergeist bezeichnet. Manchmal gilt es eben, neue Wege zu gehen, Brücken zu bauen und Türen zu öffnen – auch dann, wenn andere Menschen das für Irrsinn halten.

Wer sich intensiver mit den Vorhaben von Elon Musk befasst, weiß, dass alle seine Unternehmen, Projekte und Ideen sich an einem übergeordneten Handlungsrahmen orientieren. Er baut z. B. keine Autos, um die Umwelt zu retten. Er baut sie, um die Schäden, die wir der Umwelt zufügen, zu entschleunigen. Diese Entschleunigung der Umweltverschmutzung dient dazu, Zeit zu gewinnen, um alle Aktivitäten voranzubringen, die den eigentlichen Handlungsrahmen fokussieren: der Zugang für Menschen zum Mars. Ja, es mag verrückt klingen. Jeder, der sich mit den Zahlen, Daten und Fakten des Klimawandels befasst und realisiert, dass es nur eine Frage der Zeit ist, bis unser Umweltsystem kollabiert, ändert vielleicht seine Meinung: Wir sollten froh und dankbar sein, dass es schon immer Pioniere gegeben hat und auch heute noch gibt, die alles daran setzen, eine nachhaltige Veränderung für die Menschheit zu erringen – auch wenn das sicher nicht immer gelingt. Doch wer hätte vor 100 Jahren schon daran geglaubt, dass wir einmal Smartphones verwenden, in Flugzeugen in kürzester Zeit um die Welt fliegen und das Internet nicht mehr aus unserem Leben wegzudenken ist?

6. Reichtum

Häufig denken wir bei dem Begriff Reichtum oder reich sein an materielle Dinge. Medien suggerieren, dass Menschen, die erfolgreich sind, reich sind, was meist damit gleichgesetzt wird, Geld im Überfluss zu haben. An anderer Stelle habe ich bereits aufgezeigt, dass das reine Erreichen von Zielen und Geld im Überfluss zu haben kein Maßstab für Glück und Zufriedenheit darstellen. Sie bilden dementsprechend nicht den Maßstab für Reichtum. Was aber macht Reichtum aus?

Eine ganz wichtige persönliche Lektion in diesem Zusammenhang verdanke ich Tony Robbins, Unternehmer, Autor und Strategen für Spitzenleistungen. Das erste Mal besuchte ich eines seiner Seminare im Jahr 2011. Es war für mich der Start einer ganz persönlichen Reise – sowohl privat als auch beruflich. Danach gab es viele Gelegenheiten, bei denen ich ihn live erleben konnte. Ich hatte die Ehre, vor 13.000 Teilnehmern auf seiner Bühne zu stehen und bei „Phantom der Oper" direkt neben ihm zu sitzen (Ich muss gestehen, dass ich mir das Stück noch einmal ansehen müsste, um die Handlung wiederzugeben, weil ich so aufgeregt war, dass ich inhaltlich nichts mitbekommen habe.) Wer Tony kennt, weiß, dass er ein grandioser Geschäftsmann ist: Nichts ist dem Zufall überlassen, alles ist bis ins letzte Detail strategisch geplant und wird so umgesetzt. Er ist absolut strukturiert und sehr gut organisiert. Das, was ihn und seine Frau Sage sowie das Team ausmacht, ist jedoch weit mehr. Es ist eine Güte, eine Art Spirit, die sie nicht nur erlebbar machen, sondern auch vorleben. Wer bereits das Glück hatte, ihnen tief in die Augen zu blicken oder von ihnen in den Arm genommen zu werden, kann wahrscheinlich genau nachvollziehen, was ich gerade versuche, zu beschreiben. In Tonys Worten geht es um Folgendes: *„The secret of living is giving"*. Genau das ist es, was du siehst, hörst, spürst, wenn du ihm und seiner Frau begegnest.

Hierzu zählt, bedingungslos zu lieben, ohne Erwartung zu geben, präsent zu sein, zuzuhören und vor allem dankbar zu sein. Es hat sehr starke Bezüge zu dem, was sich in Mels Interviewpassage widerspiegelt. Das von Mel empfohlene Vorgehen ist die Voraussetzung dafür, einen Zustand der Zufriedenheit und Dankbarkeit herzustellen. Es geht darum, sich zurückzunehmen, inne zu halten und Bewusstsein zu schaffen. Auch Tony empfiehlt verschiedene Routinen, die das ermöglichen. Hierfür eignet sich z. B. die „Hour of Power", in der es neben diversen anderen Routinen vor allem darum geht, sich täglich bewusst zu machen, wofür wir dankbar sind. Häufig sehen wir im privaten und beruflichen Alltag vermehrt Dinge, die uns nicht gelungen sind, befinden uns in einem Dauerstress-Modus, nehmen uns keine Zeit für Pausen, um nur ein paar Beispiele aufzuzählen. Wir haben weder Zeit für uns selbst noch ausreichend Zeit für unser Umfeld. Insbesondere als Unternehmer neigen wir dazu, hier noch ein Projekt anzunehmen, dort noch eine neue Idee zu verwirklichen und ehe wir uns versehen, droht nicht nur das Hamsterrad, sondern wir nehmen auch die wirklich wichtigen Dinge des Lebens nicht mehr wahr. Wer nicht regelmäßig inne hält sowie be-wusst, statt ge-wusst sieht, hört und spricht, ist nicht in der Lage, Glück und Zufriedenheit zu spüren. Diese Empfindungen speisen sich aus Dankbarkeit. Merke dir:

„Nicht die Glücklichen sind dankbar. Es sind die Dankbaren, die glücklich sind." – Francis Bacon, englischer Philosoph, Jurist und Staatsmann

7. Balance

Das Leben besteht aus Polaritäten. Alles hat zwei Pole, die zusammen eine Ganzheit bilden, sich gegenseitig bedingen und gleichwertig sind: Tag und Nacht, Ebbe und Flut, heiß und kalt, Lachen und Weinen, Einatmen und Ausatmen, Frau und Mann, Licht und Schatten, hell und dunkel. Die Liste ließe sich endlos fortsetzen. Verbinden wir die jeweiligen Gegensatzpole vor unserem geistigen Auge, entsteht ein unendlicher Kreislauf, der das Symbol der Ewigkeit formt und eine Art Rhythmus des Lebens darstellt. Wird dieser Rhythmus durch irgendeinen äußeren Einfluss gestört, entsteht ein Ungleichgewicht, eine Disbalance.

Als Unternehmer solltest du die Herstellung von Balance in zweierlei Hinsicht fokussieren: in Bezug auf deine eigene Person und in Bezug auf Handlungsbereiche – sowohl privat als auch beruflich.

a) Balance in Bezug auf eigene Person – das Lebensrad

Der Mensch ist Bestandteil des Lebens, kein Roboter – behandeln wir ihn so, als wäre er einer, setzt er irgendwann aus. Leider gibt es keine Teile, die sich nachbestellen und austauschen lassen. Dessen müssen wir uns immer bewusst sein. Es ist daher wichtig, unser eigenes Rad des Lebens in Balance zu halten. Ein etabliertes Tool aus dem Coaching eignet sich, um zunächst einmal herauszufinden, welche Bereiche sich in deinem Leben in Balance bzw. Disbalance befinden. Es nennt sich Lebensrad und lässt sich samt Anwendungsbeschreibung kostenfrei im Internet herunterladen. Führe es durch, um dir bewusst zu machen, in welchen Bereichen du persönlich Handlungsbedarf für dich siehst.

b) Balance in Bezug auf Handlungsbereiche – Spannungsfelder und Dilemmata

Im Zeitalter der Digitalisierung nimmt die Geschwindigkeit in allen Bereichen unseres Lebens zu. Führung – ob Selbstführung, Teamführung, Projekt- oder Unternehmensführung – wird zunehmend von Spannungsfeldern und Dilemmata umgeben. Sie betreffen die Handlungs-, Wissens- und Beziehungsebene. Ein Unternehmer ist entsprechend gefragt, Situationen immer wieder neu zu bewerten, um dann individuell und kontextbezogen angemessene Entscheidungen zu treffen. Auf diese Weise stellt er sicher, dass auf Dauer keine Disbalance entsteht. Das ist jedoch nicht immer einfach, denn mal fehlen ihm relevante Informationen, mal muss er schnell agieren, um vom Wettbewerber nicht überholt zu werden, mal muss er auf sein Gegenüber eingehen, obwohl das Vorgehen nicht den vorhandenen Unternehmensstandards entspricht – dies sind nur ein paar Beispiele, um die Bandbreite aufzuzeigen. Zum besseren Verständnis ein konkretes Exempel:

Ein Unternehmer muss neue Produktideen schnell umsetzen. JT Foxx, Vermögens-Coach, Immobilieninvestor und Unternehmer, spricht in diesem Zusammenhang von *„speed of implementation"*, Hermann nennt es *„Pragmatismus – time to market – sofort Gas geben."*

Wie wir alle wissen, vergeht normalerweise eine gewisse Zeit, bis ein Produkt von der Idee über die Entwicklung zur Umsetzung gebracht wird. Der Markt und die Bedarfe verändern sich jedoch in rasanter Geschwindigkeit. Einerseits ist es sinnvoll, das Produkt gründlich zu entwickeln, zu testen und dann qualitativ hochwertig auf dem Markt anzubieten. Andererseits ist es nicht zielführend, zu viel Zeit in die Entwicklung und Umsetzung eines Produkts zu investieren, wenn das im Vorfeld so viel Zeit beanspruchen würde, dass die Idee bis zur Umsetzung bereits überholt sein könnte. Aus diesem Grund empfiehlt sich, die Produktidee zum Verkauf anzubieten, noch bevor das Produkt entwickelt wird. Viele Unternehmer haben hiermit Schwierigkeiten. Wir können doch kein Produkt verkaufen, das noch nicht existiert, oder? Hierzu will ich Folgendes anmerken: Elon Musk verkauft Autos auf Bestellung, noch bevor Menschen sie je gesehen haben oder Probe gefahren sind. In diesem Sinne gilt, unser Mindset zu verändern, Dinge neu abzuwägen und bei Bedarf unkonventionelle Wege zu beschreiten. Das erfordert eine enorme Agilität. Für Balance, Ganzheitlichkeit und Nachhaltigkeit gilt: Altbewährtes kritisch hinterfragen, mit einer gewissen Leichtigkeit neue Ideen verfolgen und einfach mal TUN!

Fazit: Erfolg haben – erfolgreich sein – erfolgreich bleiben. Auf den ersten Blick scheint alles das Gleiche zu sein. Bei genauerer Betrachtung wird deutlich, dass eine Differenzierung sinnvoll ist. Gleichzeitig ist keiner der drei Begriffe das Ziel. Es braucht vielmehr einen übergeordneten Handlungsrahmen, der einen Zweck erfüllt und folglich Sinn bietet. Dieser Handlungsrahmen steht für dein Warum, verleiht dir Kraft und Ausdauer in einem nicht endenden Prozess, bei dem eine nach innen gerichtete Orientierung im Fokus steht, statt den Blick nach außen zu wenden. Achtest du auf ein ausgewogenes Verhältnis von Balance, Ganzheitlichkeit und Nachhaltigkeit, ergibt sich der Rest inklusive der nötigen Leichtigkeit wie von allein.

DR. DES. YASEMIN YAZAN

Über den Autor

Dr. des. Yasemin Yazan[1] hat Jura und Erwachsenenbildung studiert. Sie ist Unternehmerin aus Leidenschaft, Keynote Speaker und Wissenschaftlerin mit mehr als 3.000 Tagen Erfahrung im Bereich Digitalisierung und Marketing. Die vielfach ausgezeichnete Expertin gehört zu den Top 100 Unternehmern im deutschsprachigen Raum, ist Herausgeberin, mehrfache Bestseller Autorin und international in verschiedenen Medien vertreten. Yasemin interviewte den Schauspieler, Filmregisseur und Produzent Mel Gibson und stand bereits auf derselben Bühne wie Michael Douglas, Charlie Sheen, Dr. Phil, Jillian Michaels, George H. Ross, JT Foxx und Tony Robbins vor mehr als 10.000 Teilnehmern. Seit 15 Jahren begleitet sie nationale und internationale Unternehmen auf ihrem Weg der Transformation. In ihren Vorträgen begeistert und inspiriert Yasemin CEOs, Entrepreneurs, Führungs- und Fachkräfte gleichermaßen. Sie vereint kurzfristig sichtbare Erfolge mit nachhaltig spürbarer Unternehmensentwicklung, um Menschen und Unternehmen in Zeiten des digitalen und gesellschaftlichen Wandels auf das nächste Level zu heben. Yasemin macht Mut, neue Wege zu gehen und Pioniergeist zu sein.

Ihr Motto: »Pioniergeist – du sagst der Veränderung, wo's langgeht!«

---

[1] www.yaseminyazan.com

Monika Koch

Erfolgreich mit Change Management trotz Prozess und Struktur – Lebenslanges Lernen leicht gemacht

Aufgrund technischer Innovationen und der Geschwindigkeit, in der sie umgesetzt werden, hat sich unsere Gesellschaft enorm verändert. Als Konsequenz findet die Verdopplung des Wissens in immer kürzer werdenden Zyklen statt. Gleichzeitig steigt die Relevanz des lebenslangen Lernens, um mit diesem Tempo mithalten zu können, ganz unabhängig davon, wie jung oder alt, wie interessiert oder desinteressiert wir sind. Alle paar Monate sind wir gezwungen, uns wieder an etwas Neues zu gewöhnen. Mal sind es kleinere Systemaktualisierungen, die plötzlich einen Bildschirm anders aussehen lassen, mal sind es Entwicklungen wie Bewertungstools, die Kunden zunehmend für sich entdecken. An diesem Punkt sprechen wir noch gar nicht von komplexeren Veränderungsprozessen, sondern von Situationen, die uns allen aus dem Alltag bekannt sind. Wir befinden uns ständig in einem Zustand, in dem wir immer wieder den Umgang mit Neuem lernen müssen. Veränderungen sind auf Dauer unausweichlich. Dies gilt auch für Bereiche wie z. B. die Gastronomie, in der wir tendenziell weniger Veränderungen vermuten. Der Produktionsprozess verändert sich kaum, aber z. B. die Art und Weise, wie Kunden Entscheidungen treffen bzgl. einer Restaurantauswahl oder einer Bestellung. Entsprechend ist es in jeder Branche wichtig, Lernen zu lernen, um mit Veränderungen umzugehen und sich immer wieder neu auf Situationen einstellen zu können.

Unternehmen sind gerade in diesem Kontext besonders herausgefordert, weil Innovationszyklen immer schneller werden und immer stärker auf Digitalisierung setzen, also weg von Papier hin zu automatisierten Prozessen. Eine individuelle Zielgruppenorientierung und die Fokussierung auf Kernkompetenzen zur Bildung eines Markenkerns rücken in den Mittelpunkt – sowohl intern als auch extern. Gleichzeitig verändern sich die Anforderungen an Führungskräfte, die ein Umlernen erfordern und auf zwischenmenschliche Werte wie Vertrauen sowie Loyalität setzen.

Doch wie lassen sich bei einem Wandel in Höchstgeschwindigkeit Veränderungsprozesse sinnvoll initiieren und steuern? Wie lässt sich die Unternehmenskultur unter der Prämisse eines lebenslangen Lernens stetig weiterentwickeln? Wie lassen sich Resultate der Veränderungsarbeit, die sich im Unternehmenserfolg zeigen, nachhaltig implementieren?

Auf diese Fragen erhältst du nachfolgend Antworten. Anhand von Praxisbeispielen aus unterschiedlichen Branchen und Kontexten werden neben der Komplexität des Themas mögliche Lösungsansätze aufgezeigt. Sie entfalten eine magische Kraft, sofern du sie verfolgst und dabei relevante Einflussfaktoren abwägst.

1. Die Relevanz von Zielgruppenorientierung und eines Markenkerns

Die Relevanz der Zielgruppenorientierung und des Markenkerns lässt sich in zwei Bereiche differenzieren: Zum einen geht es darum, wer die Kunden des Unternehmens sind und wie sie als Zielgruppe die Unternehmensmarke wahrnehmen. Zum anderen ist es erforderlich, dass sich die Mitarbeiter des Unternehmens mit dem Markenkern identifizieren, diesen im Sinne einer Kultur im Unternehmen leben und ihn weiterentwickeln, damit er nach außen transportiert wird. Nur so wird er sichtbar und erlebbar für Kunden.

1.1 Zielgruppenorientierung und Markenkern – extern

Betrachten wir zunächst ein Negativbeispiel aus jüngster Zeit, das dir aus der Presse bekannt sein sollte, um die Relevanz der Zielgruppenorientierung und des Markenkerns im Außen zu veranschaulichen: adidas. Zu Beginn der Corona-Zeit ist ein Gesetz verabschiedet worden, das vor allem Soloselbstständige und Klein-Mittelständler liquide halten sollte, die in wirtschaftliche Not geraten waren. Mietern, die von der Corona-Krise stark betroffen waren, wurde Kündigungsschutz gewährt, wenn sie ihre fälligen Mieten nicht fristgerecht bezahlen konnten. adidas verkündete kurz nach der Verabschiedung des Gesetzes, dass sich das Unternehmen dieses Gesetz zunutze machen wolle und vorübergehend keine Miete mehr für die eigenen Shops in Deutschland zahlen werde – obwohl der Textilproduzent im Vorjahr 2,9 Milliarden Euro Gewinn gemacht hatte. Der hohe Gewinn bedeutet zwar nicht, dass die aktuelle Situation leicht für adidas ist, doch das Unternehmen hat nicht so eine große Not wie zahlreiche andere. Die Entscheidung der Führungsetage ist ein Stich ins Herz für viele adidas-Käufer gewesen, da die Marke für Teamplay, Fairness, Gemeinschaft und Verantwortungsbewusstsein steht. Mit seiner Entscheidung hat das Unternehmen in der Außenwahrnehmung etwas verkündet, das völlig im Widerspruch zum Markenkern steht. Dieses inkonsequente Verhalten in Bezug auf den eigenen Markenkern, das im Übrigen auch nicht dem Sinn des genannten Gesetzes entspricht, hat massive Folgen: den Verlust treuer Kunden, die wegen des beschriebenen Fauxpas nie wieder ein Produkt von adidas kaufen werden.

Betrachten wir als Nächstes ein Positivbeispiel als Kontrast: Mir wurde ein Metzger empfohlen, der als einer der besten Schweinemetzger Berlins in einem ganz kleinen Geschäft agiert. Er führt einen seit 120 Jahren bestehenden Familienbetrieb fort. Die hauseigenen Schweine schlachtet und verarbeitet er selbst und konzentriert sich so ausschließlich auf seine Kernkompetenz. Seine Erzeugnisse bietet er in allen möglichen Varianten an, auf Bestellung auch individuell verarbeitet. Als Mittagstisch gibt es immer nur ein bis zwei Gerichte, die perfekt zubereitet sind. Zweimal die Woche gibt es Rindfleisch von einem befreundeten Metzger, dem das Wohl der Tiere und deren regionale Herkunft ebenfalls wichtig ist. Die Menschen stehen bis auf die Straße an, um sich mit leckeren Produkten aus Schweinefleisch zu versorgen, auch zur Mittagszeit. Als Ergebnis zeigt sich Erfolg durch Fokus auf Zielgruppenorientierung und Markenkern. Besagter Metzger macht nichts, was er nicht kann und das vermittelt Vertrauen und Kompetenz. Alles, was außerhalb des eigenen Kompetenzbereichs liegt, wird über Kooperationspartner erledigt, und auch diese werden mit äußerster Sorgfalt ausgewählt.

Natürlich kann ein bereits bestehendes Angebotsportfolio von Zeit zu Zeit auf benachbarte Bereiche erweitert werden, aber es darf sich dabei nicht um etwas völlig Fremdes handeln. So kann es z. B. vorkommen, dass ein Kunde dich nach einer Dienstleistung fragt, die du nicht regulär in deinem Portfolio anbietest, in die du dich aber einarbeiten kannst, weil sie deinem üblichen Tätigkeitsfeld nahesteht. In einem solchen Fall ist es wichtig, dass du dem Kunden gegenüber transparent bist und die Rahmenbedingungen klar kommunizierst. Möchte der Kunde sein Vorhaben anschließend weiterhin gerne mit dir umsetzen, weil er Vertrauen zu dir hat, dann kann das nicht nur gut funktionieren, sondern gleichzeitig eine unglaubliche Bereicherung für beide Seiten darstellen, da gemeinsames Erarbeiten und Lernen möglich sind.

1.2 Zielgruppenorientierung und Markenkern – intern

1.2.1 Kraftvolle Routinen

Die Voraussetzung dafür, den Markenkern zielgruppenorientiert nach außen zu transportieren, ist, dass er im Inneren des Unternehmens gelebt wird. Hier tun sich Unternehmen oft schwer. Mit Hilfe von simplen Routinen, die den Markenkern stärken, lässt sich hier jedoch Abhilfe schaffen. Konsequent und dauerhaft angewandt, entwickelt sich die Unternehmenskultur weiter und wird letztendlich sowohl im Innen als auch im Außen erlebbar.

a) Entwickeln interner Slogans

So lassen sich z. B. interne Slogans gemeinsam und auf kreative Weise entwickeln – das macht Spaß und es entstehen tolle Ergebnisse: Manche Mitarbeiter bemalen sogar ihre Kantinenwände oder bedrucken Tassen und Rucksäcke mit ihren Kreationen. Auf diese Weise werden Slogans dauerhaft sichtbar, statt nach einer Weile wieder in Vergessenheit zu geraten.

b) Einführen erlebbarer Standards

Im Sinne der Nachhaltigkeit ist es zudem wichtig, Maßnahmen zu implementieren, die durch ständiges Wiederholen, neu Lehren und Lernen, Hinterfragen und Festigen auf Dauer gelebt werden. Beispielsweise gibt es im Dienstleistungssektor, also im Handel, im Handwerk, in der Gastronomie und in der Hotellerie u. a., einen Standardspruch als Grundsatz: Wir grüßen unseren Kunden zuerst. Entsprechend wird von allen darauf geachtet, dieses Verhalten (vor-) zu leben. Das bedeutet z. B., Mitarbeiter lächeln jemanden freundlich an, wenn er zur Tür hereinkommt – selbst dann, wenn sie vielleicht gerade am Telefon sind. Damit begrüßen sie die andere Person und heißen sie willkommen. Auch während ein Mitarbeiter Regale im Einzelhandel einräumt, kann er kurz hochblicken und freundlich „Hallo" sagen. Das sind simple Beispiele für Standards im Alltag, die regelmäßig wiederholt und dadurch etabliert eine magische Kraft entwickeln, Kultur erlebbar machen und für alle auf allen Ebenen gleichermaßen wahrnehmbar sind.

c) Implementieren von Begegnungsstätten zur informellen Kommunikation

Darüber hinaus hat es sich bewährt, Begegnungsstätten zur Kommunikation außerhalb des klassischen Business-Kontexts einzuführen, um wieder Zeit und Raum für Smalltalk zu schaffen. So werden nicht nur Beziehungen zwischen Kollegen aufgebaut und gepflegt, sondern auch die Verbindung zwischen Führungskraft und Mitarbeiter wird gestärkt. Ganz in diesem Sinne haben ich zusammen mit einer Führungskraft ein Mittagessen mit Käse initiiert. Jeder Mitarbeiter wurde gebeten, an einem bestimmten Tag im Monat Käse mitzubringen. Wir stellten uns dann zur Mittagszeit gemeinsam in die offene Küche des Unternehmens. Jeder präsentierte den mitgebrachten Käse, erzählte, warum er diesen ausgewählt hatte und was er so toll an ihm fand. Anschließend wurde dieser Käse gemeinsam verkostet. Zu Beginn der Aktion haben drei Mitarbeiter teilgenommen. Als ich mich aus dem Unternehmen verabschiedete, standen 60 Mitarbeiter auf der Einladungsliste zur Käseverkostung, gekommen sind etwa 30. Ob es dieses Ritual heute noch gibt, weiß ich nicht, doch ich habe erfahren, dass es in jedem Fall noch eine ganze Weile weitergeführt wurde. Wir hatten es geschafft, eine Plattform zu implementieren, die Spaß machte. Der Aufwand war gering, weil jeder nur einen Käse kaufen musste und die Mittagspause für die Aktion genutzt wurde. Die regelmäßige Käseverkostung war eine perfekte Gelegenheit für informellen Austausch. Die Führungskraft nahm immer so teil, wie es ihr zeitlich möglich war – manchmal war sie nur zehn Minuten anwesend, manchmal eine ganze Stunde. So war sie ansprechbar und konnte auch selbst Dinge ansprechen, die ihr wichtig waren – und zwar in einem informellen Umfeld. In diesem Raum war es möglich, Probleme zu adressieren. Mit der Zeit entwickelte sich eine unglaubliche Dynamik. Mitarbeiter trafen sich am Abend vorher gemeinsam an der Käsetheke im Einkaufsladen, um sicherzustellen, dass nicht alle den gleichen Käse kauften. Es gab Mitarbeiter, die selbst zubereiteten Käse mitbrachten. Einer präsentierte eine 1.500 Jahre alte Käsesorte mit PowerPoint. Das ist, wie ich finde, ein schönes Beispiel dafür, wie eine kleine Initialzündung Großes bewirken kann und Veränderung möglich macht.

d) Etablieren kurzer Tagesbesprechungen für Reflexion und Schnellhilfe

Kurze Tagesbesprechungen bieten sich ebenso als regelmäßige Routine an. So führten wir in einem Unternehmen täglich 15-minütige Kurzbesprechungen zum Start des Arbeitstages ein. Wir starteten mit einer theoretischen Besprechung (Was liegt dir auf der Seele?), gefolgt von praktischen Aufgaben (Welche Lösungsansätze könntest du ausprobieren?). Am nächsten Tag ging es dann weiter mit einem Erfahrungsaustausch (Wie hat die Umsetzung funktioniert?) und schließlich schnellen Korrekturen (Was könntest du anpassen/anders machen?). Dabei galt folgender Grundsatz: Das Gelernte funktioniert nicht immer gleichermaßen für alle, weil jeder anders ist. Authentisch zu bleiben, ist für eine Führungskraft essenziell.

Diese Form der regelmäßigen kurzen Tagesbesprechung eröffnet die Möglichkeit, schnell zu reagieren und bei Bedarf unmittelbar ge-

genzusteuern, falls doch einmal etwas in eine ungewünschte Richtung läuft.

1.2.2 Individuelle Lösungsgestaltung – relevante Faktoren

Wer Veränderung nicht nur initiieren, sondern auch nachhaltig implementieren will, sollte zudem berücksichtigen, dass dies nicht ausschließlich mit der reinen Weitergabe von Informationen möglich ist. Darüber hinaus ist wichtig, dass Mitarbeiter die Informationen verstehen, akzeptieren, anwenden und schließlich Erfolge verzeichnen, um diesen Weg künftig bereitwillig weiterzuverfolgen. Obwohl die Themen sich unabhängig von Branche und Größe des Unternehmens ähneln, sind die Lösungen immer unterschiedlich gestaltet und dementsprechend individuell. Dieser Umstand ist darauf zurückzuführen, dass eine erfolgreiche Lösungsgestaltung von bestimmten Faktoren wesentlich bestimmt wird:

- Den Adressaten – jede Zielgruppe braucht unterschiedliche Informationen.
- Den Lerntypen – jeder lernt anders.
- Dem Lerntempo – jeder hat seine eigene Geschwindigkeit.

Für eine erfolgreiche Prozessbegleitung braucht es dementsprechend eine gewisse Kreativität, um angelehnt an Adressaten, Lerntypen und -tempo jeweils individuelle Lösungen zu entwickeln, die nicht nur zum Unternehmen, sondern auch zum Einzelnen passen. Im Folgenden gehe ich auf diese Aspekte näher ein. Bei Bedarf ziehe ich verschiedene (Praxis-) Beispiele aus unterschiedlichen Branchen und Kontexten heran, um die Vielfalt an kreativen Möglichkeiten zur individuellen Lösungsgestaltung aufzuzeigen, zu erläutern und damit neue Impulse für nachhaltige Veränderungsaarbeit mit und in Unternehmen zu setzen. Natürlich berücksichtige ich dabei die bereits genannten Faktoren.

a) Adressaten – jeder braucht etwas anderes, um „Ja" zur Veränderung zu sagen

Jedes Unternehmen steht für etwas anderes und zieht dementsprechend einen bestimmten Typ Mensch an. Zum Beispiel spricht ein rasant wachsendes Computerunternehmen Mitarbeiter an, die sich schnell an neue Umstände anpassen können; ein Weingut rekrutiert Winzer, die ausreichend Geduld mitbringen, um Wein über Jahre zu entwickeln.

Insofern ist es enorm wichtig, dass du dir geeignete Fragen stellst, um zunächst relevante Informationen zu sammeln:

- Welche Zielgruppe habe ich vor mir?
- Was macht diese Zielgruppe typischerweise aus?
- Was braucht sie, um „Ja" zur Veränderung zu sagen?
- Was braucht sie, um sich dem Gelernten zu widmen?
- Was braucht sie, um das Gelernte umzusetzen?
- Welche Sprache sollte ich verwenden?
- Welche Interaktion könnte funktionieren?
- Was trauen sich die Lernenden zu?

Es wäre z. B. nicht zielführend, jemanden vor einer Gruppe sprechen zu lassen, bei dem das Präsentieren puren Stress auslöst. In diesem Fall ist es erforderlich, andere Wege zu finden, um einzelne Menschentypen in einen Lern- und Veränderungsprozess zu integrieren, sodass sie sich nicht blamiert bzw. bloßgestellt fühlen oder Angst haben müssen.

b) Lerntypen – jeder lernt anders

Während bei einigen Menschen die Aneignung von Wissen bereits über das Lesen erfolgt, benötigen andere den Raum, Fragen zu stellen, und wieder andere lernen durch direkte Anwendung. Folglich braucht jeder etwas anderes, um Informationen aufzunehmen, zu verarbeiten und anzuwenden. Entsprechend erfordert es unterschiedliche Formen des Lehrens und Lernens, bei denen ein individuelles Vorgehen unausweichlich ist. Auch die Vermittlung gleicher Methoden im Rahmen eines Trainings bedeutet nicht, dass alle Teilnehmer diese identisch umsetzen. Jeder Mitarbeiter muss seinen eigenen, zu ihm passenden, Weg der Umsetzung finden, um authentisch zu sein. So kann es sein, dass mehrere Mitarbeiter das gleiche Produkt mit den gleichen Argumenten verkaufen, diese jedoch auf individuelle Art und Weise vermitteln.

Doch gerade große Unternehmen mit vielen Mitarbeitern scheuen z. B. klassische Vor-Ort-Schulungen, bei denen eine Fokussierung auf individuelles Vorgehen möglich wird. Das liegt daran, dass Präsenzschulungen in großem Ausmaß zeitliche Ressourcen binden und finanziell einen enormen Aufwand darstellen. Entscheider präferieren somit häufig E-Learnings oder webbasierte Trainingsformen. Hier gilt folgender Grundsatz: Grundwissen lässt sich gut und gerne über elektronische Medien vermitteln, bei Videos auch mit zusätzlicher Interaktion. Diese Maßnahmen ersetzen jedoch nicht das persönliche Gespräch. Entsprechend ist es wichtig, immer Räume für den persönlichen Austausch zu schaffen. Hierfür eignen sich z. B. Foren oder Plattformen. Während manche Unternehmen Expertenforen einsetzen, nutzen andere Unternehmenswikis. Ein bekanntes pharmazeutisches Unternehmen hat eine Plattform implementiert und ermuntert die Anwender, sich in Foren aufzuhalten, um eigene Erfahrungen weiterzugeben. So lassen sich vorhandene Probleme im Unternehmen erkennen und gegensteuernde Maßnahmen etablieren. Der Einsatz von so genannten Learningbites kann ebenfalls sinnvoll sein. Dabei handelt es sich um kleine Lerneinheiten, die immer nur ein paar Minuten dauern und täglich ins Lernen und Lehren eingebaut werden. Eine weitere Möglichkeit stellt das Herunterbrechen geplanter Präsenz-Maßnahmen auf kleinere Gruppen dar, in Abhängigkeit der Mitarbeiteranzahl z. B. auf die Abteilungsebene.

c) Lerntempo – jeder hat seine eigene Geschwindigkeit

Jeder Mitarbeiter hat sein eigenes Lerntempo – manche lernen schneller, andere langsamer. Diese Gegebenheit ist legitim und daher zunächst einmal nicht zu bewerten, sondern entsprechend zu berücksichtigen. Hinzu kommt, dass Lernen unabhängig vom individuellen Lerntempo nicht auf Knopfdruck funktioniert. Es ist vielmehr ein Prozess, der isoliert betrachtet eine gewisse Zeit benötigt. Daher funktioniert auch folgende Vorstellung mancher Auftraggeber nicht: Wir buchen einen Vortrag, in dem die Mitarbeiter alles über Veränderungsmanagement lernen, nach zwei Stunden herausgehen und im Anschluss das Gelernte einfach umsetzen. Hier solltest du Auftraggeber entsprechend sensibilisieren und Möglichkeiten aufzeigen, die im jeweiligen Kontext sinnvoll erscheinen.

2. Anforderungen an Führungskräfte

a) Empathie

Es braucht eine gewisse Empathie, um Mitarbeiter mit ihren Ängsten und Sorgen bzw. Vorlieben besser einschätzen zu können. Empathie schafft Vertrauen und Loyalität. Ich vermag nicht zu beurteilen, ob jemand, der Empathie als Charaktereigenschaft nicht in die Wiege gelegt bekommen hat, diese erlernen kann. Fragen, die den Fokus auf das richten, was das Gegenüber individuell und kontextbezogen gerade braucht, können dabei helfen, die eigene Achtsamkeit zu stärken. Ein weiterer Anhaltspunkt ist, zu erfragen, was das Gegenüber gerade abschreckt. Beide Blickpunkte sind eine wichtige Voraussetzung für Empathie. So sollte z. B. beim Lernen in einem virtuellen Kontext hinterfragt werden, wie die Lernsituation auf das Gegenüber wirkt und was zu tun ist, um sie noch angenehmer zu gestalten.

b) Umgang mit Spannungsfeldern und Dilemmata

Im Kontext von Veränderungsprozessen befindet sich Führung immer wieder in einem Spannungsfeld, in dem der Umgang mit Dilemmata an Bedeutung gewinnt. Hier ein paar Beispiele, die die Herausforderungen veranschaulichen:

Auf der einen Seite braucht die Implementierung von Veränderungen Zeit, weil Lernen ein Prozess ist, der sich nicht über Nacht einstellen lässt. Gleichzeitig werden Innovationszyklen immer schneller, in denen Wissen sich in immer kürzer werdenden Zyklen verdoppelt. Hier stehen sich Beschleunigung und Entschleunigung als Gegensatzpaar gegenüber.

Je nach Position und Aufgabe ist zu überlegen, wie sich bestimmte Mitarbeitergruppen in Innovationszyklen integrieren lassen. So kommen z. B. Paketauslieferer morgens ins Paketzentrum, laden ihre Wagen voll und fahren dann los, um den ganzen Tag Pakete auszuliefern. Mitarbeiter eines Reinigungsunternehmens, die für Treppen- oder Büroreinigungen disponiert werden, sind die meiste Zeit außerhalb des Unternehmens im Dienst. In solchen Fällen müssen Wege gefunden werden, die Notwendigkeit des Lernens zu vermitteln, bevor anschließend das eigentliche Lernen stattfinden kann.

Eine Führungskraft wird darauf trainiert, Probleme anzunehmen, zu analysieren, Lösungen zu präsentieren und einen Lösungsweg aufzuzeigen. In diesem Sinne trifft sie Entscheidungen und übernimmt Verantwortung. Insbesondere in Veränderungsprozessen gibt es jedoch häufig noch keine Antworten auf bestimmte Fragen bzw. keine Lösungen für gewisse Probleme. So kann es z. B. sein, dass Entlassungen geplant sind, aber noch nicht feststeht, wer betroffen ist und nach welchen Kriterien Entscheidungen gefällt werden. Hier neigen Führungskräfte dazu, erst zu kommunizieren, wenn sie Antworten auf Fragen oder Lösungen für ein Problem haben. Doch gerade an diesem Punkt gilt es, Nicht-Wissen und damit einhergehend

Ungewissheit zu akzeptieren und zuzugeben nach dem Motto: „Ich weiß es noch nicht. Aber ich habe verstanden, was euch bewegt." Emotionen wie Angst oder Wut seitens der Mitarbeiter sind entsprechend zunächst anzunehmen und auszuhalten – und zwar verbunden mit Zuhören, ohne bereits Lösungen anbieten zu können. Zuhören können, fällt vielen schwer, ist aber eine wichtige Führungsaufgabe.

c) Neue Form der Führung

Wie Führung sich verändert, lässt sich am Home-Office leicht veranschaulichen: Bis vor Kurzem lehnten immer noch viele Führungskräfte den Wunsch ihrer Mitarbeiter nach Home-Office ab, weil die Führungskräfte befürchteten, dass sie die Leistung ihres Teams dann nicht mehr kontrollieren könnten, nach und nach alle Mitarbeiter des Teams Home-Office-Ansprüche stellen würden und am Ende kaum noch jemand verfügbar sein würde, der anstehende Aufgaben vor Ort im Unternehmen erledigt. Gerade in der Corona-Zeit ließ sich die Entwicklung hin zu mehr Home-Office jedoch nicht aufhalten. Ganz im Gegenteil: Sie war willkommen, um überhaupt weiterarbeiten zu können. Es stellte sich heraus, dass die Produktivität gar nicht so zurückging wie befürchtet. Das Home-Office brachte sogar weitere Vorteile mit sich, weil z. B. die Büroplanung eingedämmt werden konnte, was wiederum zu einer Kostenreduktion geführt hat. Mit dieser Entwicklung einhergehend braucht es ein starkes Umdenken der Führungskräfte. Nicht mehr Mitarbeiterüberwachung, sondern Ergebnisorientierung gewinnt plötzlich an Bedeutung. Nicht mehr die Anzahl der Anwesenheitsstunden dient als Messfaktor dafür, ob ein Mitarbeiter dem Unternehmen Leistung zollt, sondern das tatsächliche Resultat der Arbeit, das in einer vordefinierten Zeit erbracht worden ist. Die Rolle der Führungskraft ändert sich, weg vom Kontrolleur hin zum Ermöglicher im Sinne der Selbstbestimmung.

Fazit: Lernen müssen wir alle. In manchen Branchen mehr und schneller, in anderen langsamer und weniger. Das Kernprinzip bleibt das Gleiche: Lerne ich nicht, bleibe ich irgendwann auf der Strecke.

Für die Begleitung von Veränderungsprozesses gilt der Grundsatz: Vorgefertigt gibt es nicht. Es gibt viele Aspekte zu berücksichtigen. Die Kunst liegt darin, für jeden Menschen die geeignete Art der Veränderungsbegleitung, des Lernens und des Lehrens zu finden. Der Lehrende trägt die große Verantwortung, passende Werkzeuge zu identifizieren und das jeweils geeignete Tempo zu berücksichtigen. Die richtigen Inhalte sind die Basis – sie sind nicht die Kür, sondern die Pflicht. Die Kür ist die richtige Art der Vermittlung.

Gelingt die ausgewogene Kombination aller Aspekte, wird ein erfolgreicher sowie nachhaltiger Veränderungsprozess sichtbar und erlebbar.

MONIKA
KOCH

Über den Autor:

Monika Koch[2], Inhaberin der Capito-Spezialisten GmbH, ist leidenschaftliche Expertin für Restrukturierung und Change Management in Unternehmen.

Ihre Begeisterung für das Thema entdeckt Monika vor 25 Jahren bei Compaq Computer, als ihr damaliger Chef sie für das Post Merger Integration Management vorsieht – eine Zeit, in der es noch verhältnismäßig wenig Zugang zu Wissen über die erfolgreiche Zusammenführung von Unternehmen gibt. Nach einigen Jahren der Praxis auf diesem Gebiet fällt sie den Entschluss, auch anderen Unternehmen mit ihrem Wissen und Können zu nachhaltigem Erfolg zu verhelfen.

Ihre Stärken liegen bis heute in der Implementierung von Prozessen und Strukturen, in der organisatorischen Zusammenlegung von Geschäftsbereichen sowie im Eröffnen eines autodidaktischen Zugangs für sich und andere, um erforderliche Prozesse sichtbar, lernbar und realiserbar zu machen.

Ihr Motto: »Geht nicht, gibts nicht.«

---

[2] www.capito-spezialisten.de

Christian Stein

Erfolgreich im Leadership durch Effektivität, Effizienz, Mindset und Menschlichkeit

Meine Karriere als kaufmännischer Geschäftsführer hat mit der Teilnahme an einem Existenzgründungswettbewerb begonnen. Die Gründung eines Unternehmens betrachtete ich zunächst als Planspiel. Mein Professor kam mit der Idee auf mich zu, dass wir uns basierend auf den Ergebnissen meiner Diplomarbeit gemeinsam selbstständig machen sollten. Für mich gab es zahlreiche Argumente, die dagegensprachen, denn ich wollte promovieren und anschließend in die Industrie wechseln. Mein Lebensziel sah so aus: 30 Tage Urlaub, mein Haus, mein Garten, meine Familie. Also saß ich als wissenschaftlicher Mitarbeiter an der Fachhochschule in Dortmund auf einer Promotionsstelle, befasste mich mit einem Forschungsprojekt und hatte meinen Doktorvater an der Universität in Magdeburg gefunden.

Unabhängig von meiner Überzeugung, dass die von uns entwickelte Technologie wirklich gut war und sich sicher vermarkten ließe, war für mich klar: Ich bin Ingenieur und kein Kaufmann. Daher tat ich mich schwer mit dem Gedanken, ein Unternehmen aufzubauen, die wirtschaftlichen Zahlen im Griff zu haben, Mitarbeiter einzustellen, Personal zu führen sowie Vertrieb und Produktion aufzubauen. Doch mein Professor war anderer Meinung. So etwas sei erlernbar und dieser Wettbewerb sei perfekt, um sich Gedanken über das Geschäftskonzept zu machen, also eine Markt-, Technologie und Wettbewerbsanalyse durchzuführen sowie ein Vermarktungskonzept und eine 5-Jahres-Finanzplanung aufzustellen. Das Ganze werde von einer unabhängigen Jury aus Industrie und Wirtschaft bewertet und im Erfolgsfall mit Prämien honoriert. Ich wirkte an der Erstellung des Businessplans mit und bekam den Hut für die Finanzthemen auf. Wir zogen uns ein ganzes Wochenende zurück, erarbeiteten den Businessplan und reichten ihn ein. Interessanterweise wurden wir mit dem ersten Preis sowie einem Sonderpreis prämiert und bekamen ein Preisgeld in Höhe von insgesamt 100.000 Euro. Die Auszahlung war daran gekoppelt, dass das Unternehmen innerhalb von sechs Monaten am Standort Dortmund gegründet werden würde. Für mich war klar, dass ich mich entscheiden musste: Promotion oder Unternehmen. Wir, der Professor, ein Kollege (auch ein wissenschaftlicher Mitarbeiter) und ich, gründeten die Firma zu dritt und ich wurde direkt zum kaufmännischen Geschäftsführer. Die Preisgelder waren sehr schnell für Patentanmeldung, Produkt- und Serienentwicklung sowie Werkzeugerstellung aufgebraucht, sodass ich deutschlandweit auf Kapitalsuche ging und fündig wurde: Ein Investor aus Heilbronn war bereit, sich an dem Unternehmen zu beteiligen und eine Startup-Finanzierung bereitzustellen – vorausgesetzt, dass der Sitz nach Heilbronn verlegt werden würde. Der Professor blieb in Dortmund, während mein Kollege und ich nach Heilbronn zogen, um gemeinsam das Unternehmen von der Pike an aufzubauen – mit einem geliehenen Notebook, Block und Kugelschreiber von der Fachhochschule ausgerüstet. Rückblickend betrachtet erscheint es mir absolut naiv, aber wahrscheinlich war es genau diese Naivität, die es brauchte, um überhaupt zu starten. Wir waren top motiviert, gingen in den Markt und hatten zugegebenermaßen auch Misserfolge – aber wir lernten aus unseren Fehlern. Im Endeffekt war das Unternehmen nicht nur stabil und tragfähig, sondern es entwickelte sich zu einem weltweit führenden Anbieter im Bereich der innovativen Gasmesstechnik.

Letztlich sind es verschiedene Faktoren, die neben Hard Facts wie Marktanalysen und Marktreife, strategischer Ausrichtung, gewählten Vertriebswegen, Anforderungs- und Bedarfsanalysen, Risikoabwägungen, Vereinbarungen mit Investoren, Angebotsportfolios und Portfoliobereinigungen unter Berücksichtigung von Deckungsbeiträgen sowie dem Umgang mit Ressourcen zum Erfolg eines Unternehmens führen. Daher gilt, weit mehr als die genannten Aspekte zu berücksichtigen. Heute unterstütze ich Unternehmer und Führungskräfte, indem ich sie bei diesem Prozess mit Höhen und Tiefen begleite und sie mit Effektivität und Effizienz einerseits sowie dem richtigen Mindset und Menschlichkeit andererseits zum Ziel führe.

Doch was genau bedeutet das eigentlich? Und wie lassen sich die genannten Aspekte sowohl unternehmerisch als auch menschlich sinnvoll in Unternehmen implementieren, um den Unternehmenserfolg zu steigern und zu sichern? Genau hierauf gehe ich ein. Ich zeige zehn goldene Regeln auf, die dir dabei helfen, den eigenen Schlüssel des Erfolgs für dein Unternehmen zu entdecken. Schaffen wir zunächst eine einheitliche Auffassung der Begriffe Effektivität und Effizienz als Fundament.

1. Der Unterschied zwischen Effektivität und Effizienz

Häufig verwenden wir die Begriffe Effektivität und Effizienz im Businessalltag, ohne uns des Unterschieds zwischen ihnen sowie ihrer Relevanz für den Unternehmenserfolg bewusst zu sein. Richten wir daher unseren Blick zunächst auf die Bedeutung beider Begriffe, um uns der Thematik mit dem gleichen Verständnis zu nähern:

Effektiv arbeiten Mitarbeiter, wenn sie an der Aufgabe arbeiten, die zum gewünschten Ziel oder Ergebnis führt. Einfacher ausgedrückt: Sie machen die richtige Aufgabe. Voraussetzung hierfür ist jedoch, dass die Vision des Unternehmens bekannt ist.

Effizient arbeiten Mitarbeiter, wenn sie ihre Aufgabe mit möglichst geringem Aufwand hinsichtlich Zeit und/oder Ressourcen erledigen. Einfacher ausgedrückt: Sie machen ihre Aufgabe richtig.

Daraus folgt: Mitarbeiter sind effektiv und effizient, wenn sie das Richtige richtig tun.

Während es aus unternehmerischer Perspektive wichtig ist, Effektivität und Effizienz im Sinne der Wirtschaftlichkeit eines Unternehmens herzustellen, brauchen die Mitarbeiter im Unternehmen gleichzeitig vor allem Menschlichkeit, damit sie ihren ganz individuellen Beitrag zum Unternehmenserfolg leisten können. Die im Folgenden vorgestellten zehn goldenen Regeln helfen dir, alle wichtigen Aspekte kennenzulernen und sie im Kontext zu verstehen, denn nur adäquat eingesetzt entfalten sie ihre Kraft auch in deinem Unternehmen.

2. Zehn goldene Regeln für Unternehmenserfolg

2.1 Big Picture: Mache transparent, welche Vision und Werte dein Unternehmen verfolgt

Viele Chefs sitzen auf ihrem hohen Ross, halten das Steuer in der Hand und betrachten ihre Mitarbeiter lediglich als Ressource. Sie sollen keine unangenehmen Fragen stellen, sondern abarbeiten, was vorgegeben wird. Doch wie sollen Mitarbeiter sinnvoll am Erfolg eines Unternehmens mitwirken, wenn sie nicht wissen, wofür das Unternehmen steht und welche Rolle sie in dem Ganzen einnehmen (müssen)? Wie sollen sie Probleme und Risiken erkennen und darauf hinweisen oder Lösungen erarbeiten, wenn sie die Zusammenhänge nicht verstehen? Wie lässt sich ein Unternehmenswachstum kurz-, mittel- und langfristig verwirklichen, wenn Ziele, Umsatzgrößen und Zahlen aus den Vorjahren für Mitarbeiter unbekannt sind? Wie lässt sich ein Wachstum bei gleicher Personalstärke realisieren, wenn Mitarbeiter nicht sinnvoll in Struktur- und Prozessoptimierungen eingebunden werden?

Stelle also sicher, dass deine Mitarbeiter die Vision und Werte des Unternehmens kennen. Sorge dafür, dass sie Spaß an ihrer Arbeit haben, weil sie den Sinn und Nutzen der Produkte verstehen und dadurch anders mit den Ressourcen des Unternehmens umgehen. Probiere es aus. Erfahrungsgemäß wirst du Folgendes feststellen: Mitarbeiter eliminieren selbst Zeitfresser, die zu einer Ineffizienz führen. Und sie priorisieren Aufgaben, die die Effektivität ihres Handelns erhöhen.

2.2 Bedürfnisse, Ressourcen & Werkzeuge: Finde heraus, was deine Mitarbeiter für Höchstleistung benötigen

Fordere deine Mitarbeiter im Sinne des Unternehmenswachstums heraus, aber überlaste sie nicht. Willst du wissen, was es an welcher Stelle gerade braucht, ist es wichtig, regelmäßig in den Dialog zu gehen. Deine Mitarbeiter wissen oftmals ganz genau, wo der Schuh in ihrem Aufgabenbereich drückt und was besser laufen könnte. Meist sind es festgelegte Prozessabläufe, die zu starr, nicht sinnvoll bzw. bereits überholt sind und somit zu einer Ineffizienz führen. Kleine Anpassungen können bereits Wunder bewirken, sofern Rückkopplung gegeben ist. Achte dabei vor allem darauf, die Vorschläge deiner Mitarbeiter ernst zu nehmen, denn wenn du deine Mitarbeiter fragst und dann ihre Vorschläge ignorierst, wirkt sich das kontraproduktiv aus: Der einzelne Mitarbeiter hält sich in Zukunft mit Vorschlägen zurück, weil du ihm signalisierst, dass sie für dich keine Bedeutung haben bzw. keine positive Veränderung bewirken. Finde also heraus, wie sich Prozesse optimieren lassen, welche Hilfswerkzeuge sowie Ressourcen benötigt werden und welche Art von Führung der Mitarbeiter als Individuum benötigt, um Höchstleistung zu bringen. Während manche Mitarbeiter für Effizienz einen gewissen Druck brauchen, benötigen andere Freiraum zur Entfaltung. Erfrage diese Informationen aktiv und berücksichtige sie in deinem Arbeitsalltag.

2.3 Zielformulierung: Lege Ziele fest, die SMART-PIG sind

Ziele, z. B. für das nächste Geschäftsjahr, solltest du nicht nur SMART, sondern auch PIG formulieren. **SMART** steht für **S**pezifisch, **M**essbar, **A**ttraktiv, **R**ealistisch und **T**erminiert. Mit spezifischen Zielen ist gemeint, dass sie konkret benannt werden. Messbar werden Ziele, wenn Indikatoren zur Messung der Größe definiert sind. Attraktiv sind Ziele, die ambitioniert sind, also eine gewisse Herausforderung mit sich bringen. Sie müssen allerdings auch realistisch sein, damit sie tatsächlich erreicht werden können. Terminiere die Zielerreichung, damit klar ist, bis wann du das Ziel erreichen möchtest. **PIG** wird das SMARTe Ziel, wenn es darüber hinaus **p**ositiv (ohne Negationspartikel wie z. B. „nicht") **I**ch-bezogen (Es ist mein Ziel und ich trage dafür die Verantwortung.) und **g**egenwartsbezogen (Das Ziel wurde schon erreicht.) formuliert wird. Ein Beispiel zur Veranschaullchung: „Ich (als Führungskraft) habe am 31.12.2020 die Ausschussquote der Produktion von derzeit zehn auf fünf Prozent reduziert", statt: „Die Ausschussquote muss reduziert werden", oder „Die Ausschussquote darf sich nicht erhöhen."

2.4 Transformation: Verwandle deine Mitarbeiter in Mitunternehmer

Du solltest dein Team mit ins Boot holen, um definierte Ziele umzusetzen. Kommuniziere diese Ziele klar. Achte dabei darauf, dass du deinem Team auch erklärst, warum und wie die Ziele zu erreichen sind und was die Mitarbeiter davon haben. Geht es um Zahlen in Millionenhöhe, die für deine Mitarbeiter nicht greifbar sind, brich sie auf kleinere, verdaubare Werte herunter. Im Sinne eines Soll-Ist-Abgleichs ist es erforderlich, dass deine Mitarbeiter regelmäßig Einblick in bisherige, aktuelle und geplante Kennzahlen erhalten. Wenn wir bei dem Beispiel mit der Ausschussquote bleiben, hieße das z. B.: „Im letzten Jahr hatten wir schon ein Umsatzwachstum von 30 Prozent. Ich bin der Meinung, wir können uns dieses Jahr erneut um 30 Prozent steigern. Und wenn wir am Ende des Jahres die fünf Mio. erreichen, dann verspreche ich, dass jeder von euch eine Weihnachtsprämie bekommt. Das Unternehmen kann diese erst auszahlen, wenn die Ziele und die Tragfähigkeit erreicht worden sind. Nicht nur der Umsatz, sondern auch die Rendite sind hierfür entscheidend. Dafür muss wiederum die Effizienz gegeben sein und der Ausschuss reduziert werden.“

Hier wird also die Zielerreichung an zwei Indikatoren geknüpft: Umsatzsteigerung (Was wird produziert? Was wird geleistet? Wie hoch ist der Output?) und Ausschussquote (Wie hoch ist die Blindleistung und somit das Geld, das wir verbrennen?) Das sind zwei Zahlen, auf die Mitarbeiter aktiven Einfluss haben. Das motiviert sie.

Bei den regelmäßigen Meetings zum Soll-Ist-Abgleich geht es um Transparenz: „Wie viele Sensoren und welche Typen wurden produziert? Wie hoch ist der Umsatz? Wie sind die Krankheitstage?“ etc. Das nimmt u. a. auch die Sorge vor großen Auftragsvolumina, da die Mitarbeiter wissen, zu welchen Leistungen sie im Stande sind, wenn alle an einem Strang ziehen.

Jahresziele werden auf Monatswerte heruntergebrochen und besprochen: „Das war der Planumsatz. Und hier sehen wir unser Ist.“ Dann wird ersichtlich, ob aktuelle Ergebnisse oberhalb oder unterhalb des Sollwertes liegen und was das in der Konsequenz für die Folgemonate bedeutet, um die gesetzten Ziele zu erreichen.

Wenn du es schaffst, deine Mitarbeiter mit ins Boot zu holen, verwandeln sie sich zu Mitunternehmern: Krankheitstage werden reduziert, Lean Management Projekte gestartet, Kanban-Systeme eingeführt und vieles mehr.

2.5 Zielerreichung: Feiere erfolgreiche Projektabschlüsse, um Leistung anzuerkennen, neue Anreize zu schaffen und Silodenken abzubauen

Dieser Aspekt wird leider oft vernachlässigt. Das ist meist darauf zurückzuführen, dass mehrere Projekte parallel laufen. Kaum ist ein Projekt erfolgreich abgeschlossen, konzentrieren sich alle auf den nächsten Berg. Umso wichtiger ist es, das erfolgreich abgeschlossene Projekt zu würdigen, den Mitarbeitern gegenüber Wertschätzung zu zeigen und das erreichte Ergebnis sowohl zu kommunizieren als auch gemeinsam zu feiern. Das hat gleich mehrere positive Effekte: Die am Projekt beteiligten Mitarbeiter fühlen sich anerkannt. Für Kollegen entsteht ein positiver Anreiz, weil sie diesen Status auch genießen wollen. Gleichzeitig wird durch Transparenz das Silodenken aufgebrochen, da für unterschiedliche Teams, Abteilungen und Bereiche plötzlich sichtbar wird, dass die anderen auch etwas leisten.

2.6 Mitarbeiter-Typen: Erkenne die Bandbreite zwischen High und Low Performern

Mitarbeiter lassen sich in drei Cluster unterteilen: A-Mitarbeiter sind High Performer und Loyalisten – Sie können und wollen. Daher ist es wichtig, dass du sie forderst. B-Mitarbeiter wollen gerne, können aber nicht so gut (weil ihnen die Befähigung dazu fehlt) oder dürfen nicht (weil sie keine Erlaubnis dazu haben). Letzteres ist meist darauf zurückzuführen, dass Prozesszuständigkeiten zu eng definiert sind. Grundsätzlich gilt jedoch: Jeder sollte das machen, was er am besten kann und bei dem er am meisten Spaß hat. In diesem Sinne solltest du prüfen, ob dein B-Mitarbeiter lieber einer anderen Aufgabe nachgehen würde, bei der er nicht nur Spaß hätte, sondern auch mehr Leistung zeigen könnte. C-Mitarbeiter sind Low Performer, die meist blenden und bluffen. Du erkennst sie häufig daran, dass sie ohne sehenswerte Ergebnisse immer schwer beschäftigt sind und Fehler gerne auf andere schieben. Natürlich solltest du jeweils individuell prüfen, ob der Mitarbeiter nicht kann oder nicht will. Kann er nicht, stellt sich die Frage, ob und wie du ihn z. B. mit einer entsprechenden Ausbildung oder Qualifizierung fördern kannst. Das Worst Case Szenario ist, dass der Mitarbeiter tatsächlich nicht will. In jedem Fall solltest du bei einem C-Mitarbeiter zunächst klären, was ihn demotiviert bzw. was dazu führt, dass er schlechte Leistung zeigt. Ein Low Performer kommt meist nicht als solcher ins Unternehmen, sondern er entwickelt sich im Laufe der Zeit dazu. Es kann verschiedene Gründe hierfür geben: Er kommt mit deinem Führungsstil oder einem Kollegen nicht klar, persönliche Umstände haben sich verändert, er hat private Probleme etc. Statt Mitarbeiter einfach zu „entsorgen", gilt es zunächst ein ernsthaftes Gespräch zu führen, indem du klar die Optionen aufzeigst. Auf diese Weise wird deutlich, dass der Mitarbeiter selbst Verantwortung für den weiteren Verlauf trägt. Es gibt zwar Dinge, die er beeinflussen kann und andere, die er nicht beeinflussen kann, doch es liegt an ihm, wie er insgesamt mit der Situation umgeht. In Anlehnung an den Circle of Influence von Stephen Covey lautet die Kernbotschaft an den Low Performer: Hör auf zu meckern und stell dir die Frage, was du jetzt mit der Situation machst bzw. wie du mit ihr umgehst. Change it (verändere es, wenn möglich), love/accept it (liebe/akzeptiere es, wenn es nicht in deinem Einflussbereich liegt), or leave it (oder verlasse das Unternehmen als logische Konsequenz). Diese Art des Gesprächs ist durch einen Coaching-Ansatz geprägt. Es geht nicht darum, dem Mitarbeiter wegen schlechter Leistung eine Abmahnung zu geben und ihm deutlich zu machen, dass er beim nächsten Mal raus ist, sondern darum, aufzuzeigen, dass er selbst in der Lage ist, seine Haltung zum Problem und seinen Umgang damit zu verändern.

2.7 Feedback-Kultur: Betrachte Feedback-Geben und Feedback-Nehmen als Geschenk, um blinde Flecken aufzudecken

Feedback besteht aus zwei Komponenten: Feedback-Geben und Feedback-Nehmen. Beim Feedback-Geben ist es wichtig, Verantwortung zu übernehmen, indem du klare Ich-Botschaften sendest. Formulierungen wie „Du bist schlecht!", oder „Du hast etwas falsch gemacht!", haben eine negative Wirkung. „Mir ist aufgefallen, dass da etwas schiefgelaufen ist. Das hat folgende Auswirkungen: … Ich wünsche mir, dass du in Zukunft darauf achtest, dass …", werden hingegen meist angenommen, weil sie nicht als persönlicher Angriff empfunden werden.

Mindestens genauso wichtig ist das Feedback-Nehmen, d. h. das Empfangen von Feedback. Wir alle haben blinde Flecken, die es aufzudecken und zu minimieren gilt. Gerade Führungskräfte beurteilen ihr Führungsverhalten in der Selbstwahrnehmung deutlich positiver, als es in der Fremdwahrnehmung aus Sicht der Mitarbeiter empfunden wird.

Beide Komponenten zu implementieren, ist für eine erfolgreiche Feedback-Kultur wichtig. In diesem Sinne solltest du das Feedback-Geben und -Nehmen als Geschenk betrachten, um in beide Richtungen blinde Flecken aufzudecken und zu bearbeiten. Dies setzt voraus, Kritik auszuhalten und selbstreflektiert mit ihr umzugehen.

2.8 Selbstreflexion, -verantwortung und lebenslanges Lernen: Achte im Sinne einer stetigen Weiterentwicklung und eines Wachstums auf wiederkehrende Rückmeldungen

Funktioniert die Feedback-Kultur in deinem Unternehmen gut und trauen die Mitarbeiter sich, dich als Führungskraft zu kritisieren, erhältst du regelmäßig Rückmeldung zu deinem Verhalten. Das ist wichtig als Basis für eine stetige Selbstreflexion und lebenslanges Lernen mit dem Ziel, dich kontinuierlich weiterzuentwickeln und dein Verhalten zu optimieren. Denn dein blinder Fleck ist nun nicht mehr nur für andere sichtbar, sondern auch dir bewusst. Das versetzt dich in die Lage, bei Bedarf zu handeln. Hier ein Beispiel zur Veranschaulichung: Erhältst du regelmäßig die Rückmeldung, dass sich Mitarbeiter durch dein Verhalten verletzt fühlen, dann ist das ein Indiz dafür, dass in diesem Bereich ein Handlungsbedarf besteht. In diesem Fall könnte es z. B. hilfreich sein, ein Seminar für Kommunikation oder Konfliktlösung zu besuchen. Was genau das Richtige ist, hängt natürlich von den konkreten Rückmeldungen ab. Erst durch regelmäßiges Feedback und eine daran anschließende Selbstreflexion bist du in der Lage, dich mit deinen eigenen Schwächen zu befassen und Abhilfe zu schaffen. Unabhängig davon, in welcher Position du dich befindest, liegt deine persönliche Weiterentwicklung in deiner eigenen Verantwortung. Solltest du dich z. B. als Führungskraft in einer Position befinden, in der jemand anderes dein Vorhaben freigeben muss, dann hast du nun die Möglichkeit, ihn zusammen mit den Rückmeldungen, die du erhalten hast, sowie konkreten Lösungsoptionen darauf anzusprechen. Reflexion und lebenslanges Lernen sind darüber hinaus für das Unternehmenswachstum wichtig – auch dann, wenn das Unternehmen bereits Weltmarkführer ist.

2.9 Wahrnehmungsfilter, Wirklichkeitskonstruktionen und Kommunikation: Höre aktiv zu, um Interpretationen aufgrund subjektiver Wahrnehmung zu vermeiden

Du kennst sicher folgende Situation: Jemand antwortet nicht auf deine E-Mail. Also denkst du, du seist ihm nicht wichtig genug. Das ist nicht die Wirklichkeit, sondern eine Interpretation auf Basis deiner subjektiven Wahrnehmung. Wir alle konstruieren unsere eigene Wirklichkeit selbst, d. h. in unserem Kopf wird ein Bild erzeugt, das nicht das Abbild der tatsächlichen Wirklichkeit darstellt. Die Informationen, die wir aufnehmen, durchlaufen einen sogenannten Wahrnehmungsfilter, angelehnt an Vorwissen sowie bisherige Erfahrungen. Das ist z. B. auch der Grund, warum sich Menschen nach einem Meeting über Missverständnisse wundern. Es wurde doch klar kommuniziert, oder? Wir sind davon überzeugt, dass unsere eigene Wirklichkeit die tatsächliche Wirklichkeit darstellt. Tatsächlich hat jeder Meetingteilnehmer unterschiedliche Aspekte aus den gehörten Informationen gefiltert und divers verarbeitet.

Hast du das verstanden und verinnerlicht, dann sprichst du bestimmte Dinge schneller an – und zwar bevor es dazu kommt, dass du innerlich einen Groll gegenüber jemandem hegst, der sehr wahrscheinlich völlig unbegründet ist. Höre also aktiv zu, indem du Fragen stellst oder Gesagtes wiederholst, um zu prüfen, was du verstanden hast.

Zurück zum schweigsamen Empfänger deiner E-Mail: Vielleicht war er gerade mit einem zeitkritischen Projekt beschäftigt, auf Dienstreise oder deine Nachricht ist einfach nur durchgerutscht. Häufig stellt sich heraus, dass dem Verhalten keine Böswilligkeit, sondern andere äußere Umstände zugrunde liegen.

Angelehnt an das Eisbergmodell nach Sigmund Freud heißt das, dass wir häufig nur an der Oberfläche kommunizieren. Wir bewegen uns also im sichtbaren Feld. Unter dem Eisberg liegt das Tiefgründige: Unsere Emotionen. Gerade bei der Kommunikation, bei der Verwendung von Worten ist äußerste Achtsamkeit geboten. Oft verwenden verschiedene Parteien gleiche Worte, meinen aber völlig unterschiedliche Dinge, weil jeder von ihnen eine andere Interpretation, ein anderes Bild zur jeweiligen Aussage hat. Frage also insbesondere dann nach, wenn du dich getriggert fühlst: „Wie meinst du das?", oder „Ist es richtig, dass du das so und so meinst?" Du wirst dich wundern, wie oft und schnell du Konfliktpotenziale im Keim ersticken kannst, wenn du aktiv zuhörst und nachfragst.

2.10 New-R: Begegne Mitarbeitern mit Neugier, Empathie, Wertschätzung und Respekt

Es bedarf eines gewissen Fingerspitzengefühls, um deine Mitarbeiter gut einzuschätzen und auf sie eingehen zu können. Das setzt vor allem ein echtes Interesse an ihnen voraus und braucht die Grundhaltung „Ich bin OK – Du bist OK". Begegnest du deinen Mitarbeitern mit **New-R**, **N**eugier, **E**mpathie, **W**ertschätzung und **R**espekt, wirst du schnell bemerken, dass etwas im Argen liegt. So kann z. B. ein Verlust in der Familie dazu führen, dass jemand vorübergehend schlechte Leistung zeigt. Was tatsächlich hinter der Leistungsabnahme eines Mitarbeiters liegt, findest du nur heraus, wenn du dich wirklich für ihn interessierst, nachfragst, aktiv zuhörst, um ihm dann passende Optionen aufzuzeigen und ihn selbst entscheiden zu lassen, was gerade das Beste für ihn ist: „Glaubst du, du bist in der Lage, heute qualitative Arbeit zu machen? Wenn ja, ist es nicht schlimm, wenn es ein bisschen langsamer geht. Wenn nein, wäre es sinnvoll, dass ich dich nach Hause schicke?" Diese Wahlmöglichkeit ist wichtig, weil sie deinem Mitarbeiter einen Spielraum gibt. Also nicht einfach sagen: „Du bist heute schlecht drauf, du gehst jetzt nach Hause und feierst Überstunden ab", sondern signalisieren: „Ich sehe und verstehe, dass es dir nicht gut geht. Kannst du arbeiten oder willst du lieber gehen?"

3. Seele des Unternehmens

Abschließend will ich betonen, dass die goldenen Regeln sich nicht technokratisch wie eine To-do-Liste abarbeiten lassen. Es braucht ganz viel Taktgefühl, um Situationen und Kontexte immer wieder neu zu bewerten und angemessen auf sie einzugehen. Jeder Unternehmer, jede Führungskraft befindet sich in einem Spannungsfeld: Will ein Unternehmen erfolgreich sein, braucht es einerseits Effektivität und Effizienz – also zahlen-, daten- und faktenorientiertes Handeln – denn ein Unternehmen muss Gewinne erzielen, um wirtschaftlich zu sein. Gleichzeitig braucht es mindestens im gleichen Maße die menschliche Komponente, bei der es um Aspekte wie Mindset, Kommunikation, Wertschätzung, Respekt und vieles mehr geht.

John P. Kotter, ein Professor für Führungsmanagement an der Harvard Business School, hat es m. E. gut auf den Punkt gebracht. Er definiert Management als Planung, Organisation und Kontrolle. Leadership hingegen stehe für Motivation und Inspiration mit Visionen. Während Management den Mitarbeiter im Kern also als Ressource, d. h. als Mittel zum Zweck begreift und ihn daher in erster Line verwaltet, verbirgt sich im Herzstück des Leaderships eine doppelte Aufgabe bzw. Rolle: der Unternehmer bzw. die Führungskraft als Jobverantwortlicher und Entwickler von menschlichen Beziehungen. Obwohl Letzteres eine erhebliche Relevanz hat, nehmen sich Menschen in Führung dafür oftmals viel zu wenig Zeit, weil sie zu sehr mit ihren operativen Aufgaben beschäftigt sind.

Fazit: Der unternehmerische Blick ist wichtig, aber ein Unternehmen funktioniert nicht ohne eine Seele. Sie entsteht durch das Mindset der Menschen sowie die Menschlichkeit im Miteinander. Die Seele macht den Unterschied zwischen Erfolg und Misserfolg aus und stellt damit den Schlüssel zum Erfolg dar. Das Ergebnis ist, dass deine Mitarbeiter das Richtige richtig tun.

Wende die zehn goldenen Regeln an mit diesem Hintergrundwissen. Achte dabei auf ein ausgewogenes Verhältnis zwischen den Einzelelementen. Gelingt dir das, wirst du selbst beobachten, wie die zehn goldenen Regeln dein Unternehmen verwandeln, ihm eine Seele schenken und so deinen eigenen Schlüssel des Erfolgs bilden.

CHRISTIAN
STEIN

Über den Autor

Christian Stein[3] ist Diplom-Ingenieur und Wirtschaftsjurist. Er hat vor 15 Jahren ein Hightech-Unternehmen der Mikrosensorik gegründet und es zu einem weltweit führenden technologischen Anbieter von Gasmesssensoren aufgebaut. Vor Kurzem sind mehrere dieser Sensoren im Rahmen der Mars 2020 Perseverance Rover Mission gestartet. Sie überwachen und regeln einen Prozess, der aus der Mars-Atmosphäre Sauerstoff produzieren soll. Dieser wird als Raketensauerstoff benötigt, damit erstmalig eine Rakete mit Gesteinsproben zur Erde zurückfliegen kann. Eine erfolgreiche Mission legt den Grundstein für eine bemannte Raumfahrt zum Mars im Jahre 2030.

Nach einer Restrukturierung des Unternehmens 2017 gelang es Christian, innerhalb von zwei Geschäftsjahren, den Umsatz um 75 % und das Jahresergebnis um 1,2 Mio. € zu steigern – bei nahezu gleichbleibendem Personaleinsatz.

Mit seiner Expertise, seinen Erfahrungen und seinem Erfolgswissen unterstützt Christian heute als Systemischer Business Coach (ICA) und Trainer sowohl Unternehmer als auch Führungskräfte auf ihrem Weg, indem er sie bei ihren Prozessen mit Höhen und Tiefen begleitet und sie mit Effektivität und Effizienz sowie dem richtigen Mindset und Menschlichkeit zum Ziel führt.

Motto: »Die Seele des Unternehmens ist der goldene Schlüssel für deinen Erfolg.«

---

[3] www.linkedin.com/in/christian-stein-9b59b615b

Klaus Rommel

Erfolgreich sein statt resignieren – mit Spaß Führungs- und Unternehmenskultur entwickeln

Wie kommt es, dass Führungskräfte Teams haben, die ohne emotionale Bindung zur Arbeit gehen und lediglich Dienst nach Vorschrift leisten?

Früher musste das Unternehmen ein gewisses Ansehen mitbringen und Mitarbeiter ihrer Leistung entsprechend mit Geld honorieren. In der Regel war es auf diese Weise möglich, die Mitarbeiter ein Leben lang an das Unternehmen zu binden. Inzwischen hat sich das verändert: Natürlich möchten Mitarbeiter heute auch noch Geld verdienen, aber das steht schon lange nicht mehr auf Platz eins. Neben monetären Aspekten wie einer Betriebsrente und Unterstützung bei Familiengründung und Hausbau suchen sie vor allen Dingen nach dem Sinn in ihrer Arbeit. Sie fragen sich: „Welchen Sinn hat mein Beitrag im Unternehmen und welchen übergeordneten Beitrag leisten wir für die Gesellschaft?" Wenn nun die Führungskraft über Ziele führt, statt über den Sinn, weil sie vielleicht selbst nicht genau weiß, was das übergeordnete Dach des Unternehmens ist, wird es schwierig. Es ist Unterschied, ob Menschen einfach nur ein Haus bauen oder ob sie ein Heim erschaffen, in dem Menschen sich wohlfühlen.

Untersuchungen belegen, dass die Führungskraft eine entscheidende Rolle spielt, wenn es um die emotionale Bindung des Mitarbeiters an ein Unternehmen geht. So führt z. B. Gallup seit 2001 alle zwei Jahre eine Untersuchung durch, um aussagekräftige Ergebnisse zum Grad der emotionalen Bindung der Arbeitnehmer zu erhalten (Engagement Index Deutschland). An der Befragung nehmen 1.000 Mitarbeiter ab 18 Jahren aus verschiedenen Unternehmen Deutschlands über ein Zufallsprinzip teil. Die letzte Studie erfolgte 2019. Demnach haben nur 15 % der Beschäftigten eine hohe emotionale Bindung zu ihrem Arbeitgeber. Die Mehrheit mit 69 % fühlt sich nur wenig gebunden und macht Dienst nach Vorschrift. Die restlichen 16 % spüren keinerlei emotionale Bindung zu ihrem Unternehmen und haben innerlich bereits gekündigt – darunter sind 11 % aktiv auf Jobsuche. Der volkswirtschaftliche Schaden aufgrund von innerer Kündigung beläuft sich auf eine Summe zwischen 105 und 122 Mrd. Euro pro Jahr.

Diese Ergebnisse sind erschreckend und besorgniserregend zugleich: Wenn emotionale Bindung eines Teams zu 70 % von der Führungskraft abhängt und 85 % der Beschäftigten nur wenig bis gar keine emotionale Bindung zum Unternehmen haben, dann ist das ein Armutszeugnis für unsere Führungskräfte. Sie sind dafür zuständig, die Stärken ihres Teams zu erkennen und zu fördern, nicht operativ zu arbeiten, sondern das Team zu führen und zu begleiten, um im Ergebnis Höchstleistung zu ermöglichen. Was also führt zum Ergebnis der oben genannten Studie und wie lässt es sich verändern? Darauf liefert dieser Beitrag Antworten.

1. Begriffsbestimmung für ein gemeinsames Verständnis

Zunächst einmal eine kurze Begriffsbestimmung für ein gemeinsames Verständnis: Im Sinne der Lesbarkeit wird in diesem Beitrag von der Führungskraft gesprochen. Gemeint sind immer alle Menschen in Führung, unabhängig davon, ob sie disziplinarisch oder lateral führen. Also z. B. auch Projektleiter mit rein fachlicher Verantwortung, Angestellte oder Unternehmer (inklusive Solo-Unternehmer, die sich selbst führen und z. B. vor dem Hintergrund ihrer Expertise mit Menschen unterschiedlicher Bereiche kooperieren), denn im Idealfall

- stehen alle diese Menschen in der Verantwortung, ihre eigenen Belange bzw. die ihrer Mitarbeiter zu vertreten,
- sind sie (selbst-)reflektiert und lassen sich coachen,
- zeichnen sie sich durch eine starke Persönlichkeit aus,
- verfügen sie über eine gewisse Stärke und Gelassenheit, um den Druck von verschiedenen Seiten auszuhalten und angemessen mit ihm umzugehen,
- besitzen sie die Fähigkeit, schnelle Entscheidungen zu treffen.

Für sie alle spielt emotionale Bindung eine entscheidende Rolle, um persönlichen und unternehmerischen Erfolg zu erzielen.

2. Ursachen

Alle Führungskräfte waren selbst einmal Mitarbeiter ohne Führungsrolle. Beim Switch vom Mitarbeiter zur Führungskraft scheinen viele zu vergessen, dass sie als Führungspersönlichkeit auch neue Rollen und Aufgaben innehaben, die sich von denen eines Mitarbeiters unterscheiden. Die Führungskraft ist jetzt Coach, Berater, Zuhörer und Motivator, statt operativer Mitarbeiter. Sie begleitet nun das Team, statt alles selbst zu machen. Deshalb heißt sie Führungskraft. Die Situation lässt sich mit einer Sportmannschaft vergleichen: Es gibt Spieler und einen Trainer. Letzterer kennt die Stärken seiner Mannschaft und teilt die Spieler entsprechend dieser Stärken ein. Jeder Spieler bekommt also genau die Aufgabe, für die er am besten geeignet ist. Der Trainer ist nie auf dem Spielfeld zu sehen. Er steht am Rand des Feldes, gibt Tipps und motiviert die Mannschaft. In der Pause schlägt er weitere Vorgehensweisen vor und schwört das komplette Team aufeinander ein. Er ist Coach, Berater, Zuhörer und Motivator. Im Grunde genommen gilt es, diese Aspekte auf den Businesskontext zu adaptieren. Doch die Praxis sieht anders aus: Es fehlt an Anerkennung und Wertschätzung dem Mitarbeiter gegenüber. Im Alltagsstress wird wenig und vorwiegend daten-, fakten- sowie zahlenbasiert kommuniziert statt zwischenmenschlich. Für ihre Fachkraft nehmen sich Führungskräfte meist nur einmal im Jahr etwas mehr Zeit – beim obligatorischen Mitarbeitergespräch. In Summe fehlt es an Einfühlungsvermögen, Vertrauen und einer partnerschaftlichen Zusammenarbeit auf Augenhöhe. Führungskräfte glauben oft, dass eine physische Anwesenheit von morgens bis abends ausreichend ist, um Vorbild zu sein, verkennen jedoch, dass Mitarbeitern ganz andere Aspekte wichtig sind. Sie wünschen sich ähnlich wie in einer Paarbeziehung einen Chef, der für sie da ist, mit ihnen spricht und ihnen Anerkennung schenkt. In diesem Sinne gehört ein guter Paarbeziehungsratgeber zur Pflicht- lektüre einer Führungskraft – dies ist vielleicht zunächst etwas irri- tierend, dennoch zwingend erforderlich.

Wir beobachten häufig, wie Führungskräfte Ausreden verwenden, um ihr Verhalten zu legitimieren: Dieses oder Jenes ginge nicht, weil auch sie ihre Vorgaben von oben hätten. Es ist jedoch erforder- lich, dass die Führungskraft mit ihrem Chef spricht, um Lösungen zu finden. Wer sonst soll für das Team einstehen, wenn nicht die Führungskraft? Das ist ähnlich wie beim Fußballtrainer: Er ist derje- nige, der das Team vertritt und sowohl vor als auch hinter ihm steht.

Genau hier liegt das Problem, weil Unternehmen veraltete Kulturen haben und Führungskräfte daran festhalten, diese weiterzuleben. Es fällt ihnen schwer, loszulassen, Verantwortung abzugeben und Neues zuzulassen, stattdessen sprechen sie mit ihren Mitarbeitern meist über Probleme und Schwächen. Sie heben immer wieder das Fehlverhalten ihrer Mitarbeiter hervor und fordern sie auf, an ihren Schwächen zu arbeiten.

Schwächen zu beseitigen erfordert jedoch einen viel größeren Auf- wand als Stärken zu stärken. Sieht und verbalisiert die Führungs- kraft immer nur Schwächen, begünstigt sie mittel- und langfristig eine innere Kündigung, denn der Mitarbeiter fühlt sich und seine Arbeit nicht ausreichend wertgeschätzt. Mit der Zeit entsteht Resi- gnation, denn unabhängig davon, was er versucht, gibt es immer etwas zu kritisieren. Also warum nicht gleich lassen? So entsteht

Dienst nach Vorschrift – im Worst Case Szenario führt dieser zu einer inneren Kündigung.

Über Stärken zu sprechen, entfaltet hingegen eine unaufhaltsame Kraft. Es gilt nicht nur im Gespräch, sondern auch in allen anderen Kontexten zu erfragen: Welche Magie könnte entstehen, wenn eine Führungskraft z. B. ihre Mitarbeiter morgens mit Applaus begrüßen würde? Allein die Vorstellung irritiert uns, weil wir ein solches Szenario nicht gewohnt sind. In Wirklichkeit ist es doch aber genau das, was Menschen sich wünschen: Applaus bekommen als Ausdruck von Anerkennung und Wertschätzung.

3. Symptome

Eine innere Kündigung steht am Ende eines stillen, allmählichen Prozesses, der sich über längere Zeit hinzieht. Währenddessen zeigen sich Signale, die ernst zu nehmen sind. Sie zu erkennen setzt jedoch ein gewisses Fingerspitzengefühl voraus. Zu den Symptomen zählen fehlendes Engagement des Mitarbeiters, oft einhergehend mit schlechterer oder geringerer Leistung, sowie eine gewisse spürbare Distanz zur eigenen Arbeit. Der inneren Kündigung geht der Dienst nach Vorschrift voraus. Wenn die Führungskraft die Stärken ihres Teams kennt, ist sie schneller in der Lage, solche Veränderungen zu realisieren. Eine regelmäßige Kommunikation in Form eines Gesprächs zwischen Führungskraft und Mitarbeiter ist deshalb von großer Bedeutung, denn nur dadurch ist es der Führungskraft möglich, Abweichungen im Engagement und in der Leistung des Einzelnen rechtzeitig wahrzunehmen.

4 Prävention

Gerade im Zeitalter der Digitalisierung ist es erforderlich, die emotionalen Bedürfnisse des Einzelnen zu kennen. Nur, wenn dies der Fall ist, entsteht eine emotionale Bindung zwischen Führungskraft und Mitarbeiter, die einer inneren Kündigung vorbeugt. Die Erkenntnis über die emotionalen Bedürfnisse des Gegenübers ermöglicht außerdem, angemessen auf sie einzugehen, statt alle Mitarbeiter gleich zu behandeln. Jeder Mensch ist individuell, er will in seiner Einzigartigkeit wahrgenommen und entsprechend behandelt werden. Wer das zunächst versteht und anerkennt, ist dann in der Lage, gezielt nachzufragen, worauf der Mitarbeiter Wert legt, welche Probleme er hat und was er sich wünscht. Natürlich können nicht immer alle Wünsche und Bedürfnisse umgesetzt werden, dennoch ist es relevant, sie zunächst einmal zu kennen. In einem zweiten Schritt kann dann nach konkreten Ansätzen und gemeinsamen Lösungen gesucht werden. Manchmal gilt es, dabei neue Wege zu gehen. Das Ziel ist, eine alteingesessene traditionelle Unternehmenskultur mittel- und langfristig in eine neue, moderne Kultur zu verwandeln – eine Führungs- und Unternehmenskultur, die geprägt ist von Kommunikation, Vertrauen, Menschlichkeit und Loyalität. Doch wie lässt sich eine solche Kultur implementieren? Im Folgenden werden verschiedene Beispiele dargestellt, die maßgeblich zu einer solchen Entwicklung beitragen können. Sie sind nicht obligatorisch, sondern sie zeigen die Vielfalt an kraftvollen Möglichkeiten auf. Sie dienen als Anregung, um jeweils selbst zum eigenen Unternehmen passende Optionen zu kreieren.

4.1 Mitarbeitergespräche anders führen

Ein Mitarbeitergespräch bei einem Spaziergang ist zielführender, als sich dabei an einem Tisch gegenüber zu sitzen. Abgesehen davon, dass durch den Tisch ein gewisser Abstand entsteht, der zu Distanz führt, sind beide Parteien gezwungen, den Blickkontakt zu halten. Dieser Umstand erweist sich im Kontext des Mitarbeitergesprächs als ungünstig, da eine so genannte Mikromimik zum Zuge kommt. Hierbei handelt es sich um eine vom Unterbewusstsein gesteuerte Mimik, die sich nur mit Videotechnik über die Zeitlupenfunktion beobachten lässt. Im Rahmen einer solchen Betrachtung wird deutlich, dass der Mensch bei Interaktionen mit Blickkontakt in Sekundenbruchteilen mit flüchtigen Gesichtsausdrücken auf sein Gegenüber reagiert, die meist unbewusst Emotionen zum Ausdruck bringen. Bei einem Spaziergang hingegen sind die Parteien nicht gezwungen, sich durchgehend anzusehen. Dadurch reagiert weder der eine noch der andere ständig unterbewusst auf die Mikromimik des anderen. Folglich verläuft das Gespräch deutlich offener und ungezwungener – abgesehen davon, dass es sich an der frischen Luft leichter denken lässt, weil das Gehirn mehr Sauerstoff bekommt.

4.2 Flexible Arbeitszeiten anbieten

Mitarbeiter, die im Büro arbeiten und ihre Arbeit selbstständig verrichten, äußern immer häufiger den Wunsch nach flexiblen Arbeitszeiten. Tatsächlich gibt es viele Tätigkeiten und Aufgaben, bei denen es irrelevant ist, zu welcher Zeit und von welchem Ort aus sie erledigt werden – Hauptsache, das Ergebnis stimmt.

4.3 Flache Hierarchien einführen

Das Einführen von flachen Hierarchien ist ein weiterer Hebel, um eine Beziehung auf Augenhöhe herzustellen. Innerhalb von flachen Hierarchien wird die Führungskraft nicht als Vorgesetzter wahrgenommen, der von oben herab agiert. Im Ergebnis fühlen die Mitarbeiter sich und ihre Arbeit wieder anerkannt und wertgeschätzt. Hilfreich ist auch, Führungsverantwortung wochenweise auf einzelne Mitarbeiter zu übertragen, am besten inklusive Budgetverantwortung. Dadurch erleben sie, wie sich der Chefsessel anfühlt, lernen neue Perspektiven kennen und entwickeln selbst kreative Lösungen. Das setzt natürlich voraus, als Führungskraft loszulassen und darauf zu vertrauen, dass der Mitarbeiter in der Lage ist, mit allem was kommt adäquat umzugehen.

4.4 Kleine Aufmerksamkeiten mit kraftvoller Wirkung schenken

Oft sind es Kleinigkeiten, die eine große Wirkung haben. So besteht z. B. die Möglichkeit, einem Mitarbeiter, der gerade Urlaub hat, eine Karte zu schicken, auf der steht: „Hey, ich freue mich, wenn du wieder da bist", oder ihn in seiner Abwesenheit anzurufen und zu fragen: „Wie geht es dir?" Ihn spüren zu lassen, dass er fehlt. Auch ein Vermerk auf dem Gehaltszettel wie „Danke, dass du da bist", zaubert Menschen ein Lächeln ins Gesicht.

4.5 E-Mail-Kultur mit klarer Botschaft leben

Eine Flut an Mails bestimmt häufig den Rhythmus unseres Arbeitsalltags. Anzahl und Nachrichtenlänge sind überwältigend, zudem werden völlig unreflektiert und unbegründet alle möglichen Personen mittels Cc-Funktion in Kopie gesetzt. Folglich lassen sich Wichtigkeit und Dringlichkeit von Nachrichten nicht auf die Schnelle erkennen, niemand fühlt sich verantwortlich und in der Konsequenz werden Aufgaben nicht ausgeführt. Umso schlimmer, dass Mitarbeiter morgens viel Zeit damit verbringen, ihre Mails durchzugehen, ungeachtet dessen, dass dies die produktivste Zeit des Tages ist, in der sie das meiste Geld für das Unternehmen erwirtschaften könnten. Es empfiehlt sich, klare Vorgaben über das E-Mail-Management zu kommunizieren. Zu welchen Zeiten und in welcher Häufigkeit werden Mails geprüft und beantwortet? Darüber hinaus ist es wichtig, Mitarbeiter darauf zu sensibilisieren, dass sich manche Anliegen telefonisch wesentlich schneller erledigen lassen. Dies setzt allerdings eine Vertrauenskultur voraus, in der Mails nicht die Funktion eines Nachweises für stattgefundene Korrespondenz haben. Es braucht also ein gewisses Commitment, dessen Botschaft lautet: „Wir leben unsere E-Mail-Kultur so und so und vertreten dies auch nach außen, damit du in deine Arbeit sowie Schöpferkraft kommst und Gewinne für uns alle erwirtschaftest." So lässt sich die E-Mail-Korrespondenz auf das Notwendigste reduzieren, damit Mitarbeiter wieder Zeit zum Arbeiten haben, statt in der produktivsten Zeit des Tages Nachrichten zu verwalten.

4.6 Feedback-Kultur einführen

Feedback-Regeln sorgen für einen wertschätzenden und respektvollen Umgang miteinander. Formulierungen wie „Auf mich wirkt dein Verhalten…" eignen sich besser als bewertende Aussagen wie „Du bist…". Während Letztere kontraproduktiv sind, weil sich das

Gegenüber persönlich angegriffen fühlt und rechtfertigt, bewirkt Erstere, dass derjenige über sein Verhalten nachdenkt – mit hoher Wahrscheinlichkeit hat er die genannte Wirkung nicht beabsichtigt und wird nun nach Wegen suchen, wie er es in Zukunft anders machen kann.

4.7 Faktor Spaß einbringen

Wir reden heute alle von Kundenzufriedenheit und davon, was wir tun können, um Kunden zu begeistern. Dabei vergessen wir leider viel zu oft, dass auch der Mitarbeiter Kunde des Betriebs ist. Entsprechend stellt sich die Frage, was wir tun können, um unsere Mitarbeiter zu begeistern. Die Antwort ist simpel: Genauso wichtig wie sinnvolle Arbeit ist der Spaß bei der Arbeit – immerhin verbringen Mitarbeiter mehr Zeit am Arbeitsplatz als in ihrer Paarbeziehung. Umso wichtiger ist, dass sich Mitarbeiter auf ihre Arbeit freuen und sich wohl fühlen. Dies gelingt nicht mit Regelwerken wie z. B. Kleidervorschriften, die die Mitarbeiter dazu zwingen, sich zu verkleiden. Emotionen spielen also eine entscheidende Rolle. Zudem braucht es ein gutes Betriebsklima, das durch Kommunikation entsteht. Tischtennisplatten oder ein Kaffee als Freigetränk sind hierfür nicht ausreichend, da beides für sich genommen keine Kulturentwicklung bedingt. Spaß bedeutet ferner, Erfolg zu haben. Bekommt der Mitarbeiter Verantwortung übertragen und hat Erfolg, weil er z. B. ein bestimmtes Ziel erreicht, werden Glückshormone ausgeschüttet. Wichtig: Mit Spaß ist kein Spaßvogel gemeint. Es geht um den Spaß beim Erledigen der Arbeit, und darum, dass der Mitarbeiter gerne an dem Ort ist, an dem er Spaß hat. Im Fokus stehen Erfüllung, Wertschätzung, und Respekt.

4.8 Fort- und Weiterbildungskultur in den Regeltagesablauf integrieren

Idealerweise besteht ein Regeltagesablauf darin, dass der Arbeitstag in zwei fest definierte Zeiträume unterteilt ist, innerhalb derer die Mitarbeiter jeweils Aufgaben mit unterschiedlichen Schwerpunkten nachgehen. In der ersten Hälfte werden Aufgaben abgearbeitet, denn das ist die Zeit des Tages, zu der die höchste Produktivität erzielt wird. In diesem Zeitraum sind alle geistig fit, sodass sich Aufgaben schnell und effektiv erledigen lassen. In der zweiten Hälfte des Tages geht es darum, einer Fort- und Weiterbildungskultur im Sinne des Unternehmens nachzugehen. Die Bandbreite erstreckt sich dabei vom Bücherlesen übers Videoschauen bis hin zur körperlichen Betätigung. Dies fördert die Kreativität, Offenheit für Neues und die Motivation, Antworten auf für das Unternehmen relevante Fragen zu finden: Wie lassen sich Probleme schneller bewältigen und neue Erfindungen entwickeln?

Die Aufgabe der Führungskraft besteht darin, diesen Prozess mit einer entsprechenden Teamkommunikation zu begleiten. Morgens sollte die Führungskraft bei ihren Mitarbeitern vorbeischauen, um sie zu begrüßen und nachzufragen, wie der Status quo ist. Dies hat zwei Vorteile: Zum einen fühlt sich der Mitarbeiter wertgeschätzt und wahrgenommen, weil sein Chef sich für ihn und seine Arbeit interessiert, zum anderen lassen sich auf diese Weise Probleme frühzeitig erkennen und Lösungen finden. Darüber hinaus gilt es, feste Zeiten für die Erreichbarkeit bzw. Nicht-Erreichbarkeit der Führungskraft zu definieren. In welchem Zeitraum steht sie zur Klärung von Fragen und für Gespräche zur Verfügung bzw. nicht zur Verfügung? Letzteres ist mindestens genauso wichtig wie Ersteres, denn die Führungskraft braucht ebenfalls eine Auszeit, damit sie sich zurückziehen und sich relevanten Themen widmen kann.

Wie wichtig die Kommunikation unter Teamkollegen sowie zwischen Führungskraft und Mitarbeiter ist, hat sich vor allem in der Corona-Krise gezeigt: Viele Mitarbeiter, die in dieser Zeit aus dem Home-Office gearbeitet haben, fühlten sich alleine gelassen, weil sie keinen Kontakt hatten und sich niemand nach ihrem Wohlergehen erkundigte. Doch auch im Online-Modus gibt es viele Möglichkeiten, zwischenmenschliche Kommunikation zu pflegen. Hierzu zählt z. B. das Online-Kaffee-Meeting zum gemeinsamen Beginn des Arbeitstages.

5. Was tun, wenn das Kind bereits in den Brunnen gefallen ist?

Es ist selten der Fall, dass eine Führungskraft sich ihr Team selbst zusammenstellen kann, meist übernimmt sie ein bestehendes Team. Die Mitarbeiter des Teams sind bereits unterschiedlich lang im Unternehmen, haben verschiedene Höhen und Tiefen erlebt und stehen jeweils an einem anderen Punkt ihres Werdegangs. Je nachdem, welche Vorerfahrungen sie mit bisherigen Kollegen, Führungskräften und erlebten Veränderungen gemacht haben, begegnet die neue Führungskraft Menschen, die bereits innerlich gekündigt haben. In diesem Fall ist die Frage: „Was tun, wenn das Kind bereits in den Brunnen gefallen ist?"

Natürlich ist es wichtig, dass die neue Führungskraft als Vorbild vorangeht und gewisse Dinge vorlebt. Viel wichtiger ist jedoch, ein offenes Gespräch zu suchen. Es geht einerseits darum, gemeinsame Ziele zu entwickeln, um den Mitarbeiter mit an Bord zu holen. Was kann die Führungskraft tun? Welchen Beitrag kann der Mitarbeiter leisten? Wie kann etwas getan werden? Andererseits geht es darum, herauszufinden, was der Mitarbeiter bisher geleistet hat, also was sein Beitrag zum Unternehmen war, auf den er stolz ist. Die Führungskraft findet auf diese Weise nicht nur heraus, worin die Stärken des Mitarbeiters liegen, sondern es entsteht auch die Möglichkeit, den Mitarbeiter für seine bisherigen Leistungen zu würdigen. Gemeinsam lässt sich dann erkunden und fokussieren, was der Mitarbeiter in diesem Unternehmen noch erreichen möchte.

6. Kündigungskultur geprägt von Menschlichkeit

Leider findet sich nicht für jeden Mitarbeiter eine Lösung. Nicht jede Beziehung lässt sich kitten. Grundsätzlich gilt, dass es immer möglich sein muss, ein Gespräch zum Mitarbeiter zu suchen und bestimmte Punkte offen und ehrlich anzusprechen. Hat die Führungskraft Interesse daran, dass der Mitarbeiter ihr erhalten bleibt, ist gemeinsam herauszufinden, was der Grund für bestehende Unzufriedenheit und daraus resultierende schlechte Leistung ist. Auch der Mitarbeiter sollte umgekehrt das Gefühl haben, dass er das Gespräch zu seiner Führungskraft suchen kann, um Kritik anzusprechen. Entscheidet sich der Mitarbeiter trotz aller Gespräche und

Lösungsversuche zu gehen, sollte er auch gehen dürfen. Sein Gefühl ist dabei entscheidend: Er soll das Unternehmen mit einem positiven Gefühl und guten Erinnerungen verlassen, damit im Anschluss keine schlechte Bewertung die Quittung ist. Entsprechend braucht es eine Kündigungskultur, die auf Menschlichkeit basiert.

An dieser Stelle sei ausdrücklich darauf hingewiesen, dass Mitarbeiter das Unternehmen in der Regel nicht wegen des Geldes verlassen – ein neuer Arbeitgeber müsste mindestens 20 % mehr zahlen, um einen Mitarbeiter erfolgreich abzuwerben. Meist sind es zwei Gründe, die zu einer Kündigung führen. Erstens: eine schlechte Beziehung zwischen Führungskraft und Mitarbeiter. Zweitens: Dem Mitarbeiter wird im neuen Unternehmen eine höher dotierte Position angeboten – eine Chance, die er im aktuellen Unternehmen nicht sieht. Führungskräfte, die das verinnerlicht haben, sind in der Lage, entsprechende Gespräche in neue Bahnen zu lenken –, ganz unabhängig davon, wie verzwickt die Lage zunächst erscheint.

7. Anforderungen an Führungspersönlichkeiten

Die bisherigen Ausführungen machen deutlich, dass es spezielle Anforderungen an Menschen in Führung gibt, die sich mit dem Akronym **KLARO** merken lassen: **K** steht für **K**ommunikation als das wichtigste Bindeglied zwischen Mitarbeitern und Führungskräften. **L** steht für **L**assen, also loslassen, zulassen, delegieren können und Vertrauen schenken – ganz abgesehen davon, dass die Spezialisten Aufgaben meist besser umsetzen als die Führungskraft selbst. **A** steht für **A**nerkennung, hierzu zählt Lob, Stärken fokussieren und verbalisieren. **R** steht für **R**outine, diese schafft eine entsprechende Power und ist ein guter Motivator. **O** steht für **O**rganisation, vor allem die Selbstorganisation, denn Führung ohne eine Führungskraft, die sich selbst organisieren kann, gibt es nicht.

8. Argumente für eine Veränderung – weg vom Bekannten hin zu Neuem

Wie lassen sich all diese Aspekte und Beispiele argumentieren und in die Praxis überführen, insbesondere vor dem Hintergrund, dass einige von ihnen bei kritischen Mitarbeitern zu Irritationen führen und andere beim Vorstand den Eindruck erwecken könnten, sie seien kontra produktiv, weil nicht wirtschaftlich?

Die Zustimmung des Vorstands zu den genannten Punkten lässt sich über Zahlen, Daten und Fakten erzielen. Veränderungen sowie Ergebnisse sind nicht über Nacht vorhanden und messbar, doch da, wo auf Dauer eine erhöhte Mitarbeiterzufriedenheit herrscht, entstehen mittel- und langfristig neue Ideen und Erfindungen. Ebenso lassen sich längere Anwesenheiten im Betrieb und weniger Fehlzeiten durch Krankheit im Vorher-/Nachher-Vergleich nachweisen. Als Ergebnis steigt der Umsatz.

Kritische Mitarbeiter hingegen sind meist Personen mit langer Zugehörigkeit zum Unternehmen, die sich Neuem gegenüber zunächst mit dem Argument verwehren, dass bestimmte Dinge mit gutem Grund schon immer so gemacht worden sind. In diesem Fall sollte die Führungskraft zum einen selbst als Vorbild vorangehen und zum anderen immer wieder das ganze Team dazu einladen, gemeinsam an Problemen und Lösungen zu arbeiten. So lässt sich miteinander prüfen, in welchen Bereichen das Team Schwachstellen sieht und was es besser machen kann. Hier geht es wieder um Kommunikation und Definition übergeordneter Ziele im Sinne eines Dachs, die eine Antwort darauf liefern, was das Unternehmen erreichen möchte. Gemeinsam definierte Ziele haben den Vorteil, dass sie nicht vorgesetzt sind. Es sind Ziele, an denen jeder einzelne mitgewirkt hat und sich folglich mit ihnen identifiziert.

Fazit: Der Grad an emotionaler Bindung an das Unternehmen entscheidet darüber, ob ein Mitarbeiter engagiert arbeitet, Dienst nach Vorschrift macht oder innerlich kündigt. Die Beziehung zwischen der Führungskraft und dem Mitarbeiter bestimmt dabei maßgeblich die Ausprägung der emotionalen Bindung. In diesem Zusammenhang entpuppt sich Kommunikation als A und O der Zusammenarbeit, woraus sich wiederum spezifische Anforderungen an Führungskräfte ergeben. Schließlich entscheiden Gelingen und Misslingen der Umsetzung über Erfolg oder Misserfolg von Menschen in Führung und Unternehmen.

KLAUS
ROMMEL

Über den Autor

Klaus Rommel[4] ist Keynote Speaker, Zauberer, Führungskräftetrainer, Geschäftsinhaber von KLARO-Consulting und Prokurist eines Architekturbüros. Seine Begeisterung, Menschen zu verzaubern, begleitet ihn schon lange. Bereits mit 16 Jahren hat er Menschen bei Führungen durch beeindruckende Bauwerke wie das Barockschloss in Ludwigsburg begeistert.

Auf Basis seiner langjährigen Expertise als Projektleiter zeigt er heute auf, wie Führung mit Spaß zum Erfolg führt. Das Zentrum seiner Arbeit liegt in der Betrachtung des Verhältnisses zwischen Führungskräften und ihren Mitarbeitern. Ziel ist, Menschen in Führung zu helfen, selbst das gewünschte Dream-Team zu kreieren, damit am Ende jede Führungskraft genau das Team bekommt, das ihr zusteht.

Motto: »Sei wie ein Kind, ohne kindisch zu sein.«

---

[4] www.klausrommel.de

Felix Wilde

Erfolgreich Mitarbeiter motivieren, führen und entscheiden in Krisen

Auf der Suche, etwas Sinnvolles mit meinem Hund zu machen, stieß ich vor sechs Jahren auf die Rettungshundestaffel. Nach einem ersten Training wusste ich, dass es genau das Richtige für uns ist. Ein spannendes Thema zum Ausgleich mit einem gewissen Abenteuer und einem höheren Restrisiko. Spannend ist, die Motivation des Hundes zu beobachten, sobald mein Melder geht oder ich meine rote Einsatzhose anziehe – dann ist der Hund „on fire". Heute gilt das für unseren Henry, davor galt es unserem Buddy, der sechseinhalb Jahre alt geworden ist. Im Laufe der Zeit realisierte ich durch die zahlreichen Einsätze, dass sich vieles aus dem Katastrophenschutz auf den Unternehmenskontext übertragen lässt. In beiden Fällen geht es immer wieder um das erfolgreiche Meistern von unerwarteten Situationen. Es ist wie mit einer Flasche Ketchup: Du schüttelst und schüttelst und weißt genau, irgendwann kommt da was. Aber du weißt nicht, wann und in welcher Intensität.

Damit aus einer unvorbereiteten Situation keine Krise entsteht, ist es wichtig, sich darauf einzustellen. Dabei lässt sich nicht alles bis ins letzte Detail vorausschauen und planen. Doch mit der richtigen Standardausrüstung lässt sich zu 80 % alles abdecken, was du brauchst. Der Rest ist speziell und benötigt Improvisation. Wenn du 80 % bereits im Rucksack hast, kannst du die restlichen 20 % mit voller Aufmerksamkeit fokussieren. Zur Vorbereitung bedarf es der Bereitschaft, Unterstützung von Experten mit Krisenerfahrung anzunehmen, und zwar noch bevor eine Krise entsteht. Gleichzeitig gilt es, einen Blick über den Tellerrand zu werfen, um Vergleichspunkte zu haben: Welchen Krisen stehen andere Unternehmen gegenüber und wie gehen sie mit vergleichbaren Situationen um?

Kommt es zu einer Krise, solltest du wissen, dass es auch möglich ist, als Gewinner aus ihr hervorzugehen. Krisen haben nämlich das Potenzial, Probleme in Unternehmen aufzudecken, die lange verschwiegen worden sind. Krisen bergen demnach auch Chancen.

Im folgenden Beitrag befasse ich mich daher mit Aspekten aus dem Katastrophenschutz, die sich auf Unternehmen übertragen lassen – damit auch du die nächste unternehmerische Krise erfolgreich meisterst.

1. Krise

Einfach ausgedrückt, stellt eine Krise die Abweichung vom Normalzustand dar, bei der eine Situation eintritt, auf die das betroffene Unternehmen nicht vorbereitet ist. Welche Situation für welches Unternehmen eine Krise darstellt, hängt vom Einzelfall ab: Für ein Unternehmen, das jede Woche ein Produkt zurückruft, entspricht dieser Umstand keiner Krise, da ein Produktrückruf zum Tagesgeschäft gehört. Er stellt also den Normalbetrieb dar. Möglicherweise gehört es sogar zur Unternehmensstrategie, Produkte erst einmal auf den Markt zu bringen, am Kunden zu testen und zurückgemeldete Fehler dann über einen Produktrückruf zu beheben. In jedem Fall hat dieses Unternehmen bereits Erfahrung mit vergleichbaren Situationen und daher Prozesse zum Umgang mit ihnen implementiert. Entsprechende Kommunikationsstrukturen und Abläufe sind mit Sicherheit klar definiert und werden folglich mit einer gewissen

Leichtigkeit ausgeführt. Ein anderes Unternehmen hingegen, das sich zum ersten Mal mit einem Produktrückruf konfrontiert sieht, ist unerwartet betroffen und mit großer Wahrscheinlichkeit nicht auf die neue Situation vorbereitet. Dieser Umstand wird daher als Krise wahrgenommen und interpretiert.

Ob Unternehmen grundsätzlich in der Lage sind, Krisen angemessen zu meistern, hängt maßgeblich von zwei Faktoren ab: Zum einen davon, ob sie auf eine neue Situation vorbereitet sind und zum anderen, wie sie mit ihr umgehen.

2. Krise als Chance

Eine Krise ist im Grunde genommen eine Art Katalysator – in einfachen Worten ein Brandbeschleuniger. Sie deckt Probleme auf. Das, was im Normalbetrieb bereits nicht richtig funktioniert hat, tritt im Krisenmodus schneller und deutlicher zum Vorschein. Vor dem Hintergrund eines enormen Leidensdrucks wird es möglich, Veränderung zu initiieren. Die Probleme waren wahrscheinlich auch vorher schon da, doch wo der Leidensdruck nicht groß genug ist, treffen Verantwortliche meist nur zögerlich Entscheidungen – oder gar nicht – um Veränderung zu veranlassen. In der Krise verändert sich die Lage schlagartig. Es gilt, alles zu tun, damit die Krise nicht in einer Katastrophe endet: Richtung vorgeben, schnelle Entscheidungen treffen und wirksame Ergebnisse erzielen.

Auch, wenn eine Produktlinie oder eine Produktion nicht gut läuft, die Unternehmensumsätze stark zurückgehen und die Kosten auf gleichem Niveau bleiben, gilt es, schnell zu analysieren sowie Strategien und Lösungen zu entwickeln, um Abhilfe zu schaffen. Krisen bieten folglich immer die Chance, die Karten neu zu mischen und vorhandene Probleme anzugehen. Nicht zu unterschätzen ist dabei auch die Akzeptanz für Veränderung bei Mitarbeitern, und zwar auf allen Ebenen: Sie realisieren, dass es an der Zeit ist, aktiv zu werden – sie packen engagiert und tatkräftig mit an. Gelingt es ihnen, nicht nur Symptome zu bekämpfen, sondern auch anhaltende Probleme im Sinne einer Ursachenbehandlung zu lösen, geht der Betrieb im Idealfall sogar gestärkt aus der Krise hervor: Das Unternehmen und seine Mitarbeiter lernen dazu, entwickeln Prozesse, die der veränderten Marktsituation gerecht werden, und die Unternehmenskultur entwickelt sich weiter.

3. Fünf Ks – Learnings aus dem Katastrophenschutz für Unternehmen

Es stellt sich also die Frage, was es konkret braucht, um Krisen vorzubereiten und gestärkt aus ihnen hervorzugehen. Die Antwort ist simpel: **Fünf Ks** – **K**oordination, **K**ooperation, **K**ommunikation, **K**ontrolle, **K**omfortbereich.

3.1 Koordination

Hinsichtlich der Koordination gilt es, zwei Bereiche zu prüfen und zu steuern: Verfügbarkeit und Vorbereitung.

a) Verfügbarkeit

In Bezug auf die Verfügbarkeit ist zunächst zu prüfen, wer zur Krisenzeit grundsätzlich einsatzbereit ist. Beispielsweise kann eine urlaubsbedingte Abwesenheit dazu führen, dass ein Rückgriff auf

bestimmte personelle Ressourcen unmöglich wird. Für Führungskräfte und Schlüsselpersonen mit fachspezifischem Know-how sollte das Unternehmen bereits im Vorfeld Vertretungsregelungen implementiert haben, damit klar ist, was bei Abwesenheit dieser Mitarbeiter passiert bzw. wer einspringt. Auch dann, wenn keine Vertre-
tungsregelung möglich oder vorhanden ist, sollte zumindest sicher-
gestellt sein, dass relevante Informationen zu einem Projekt oder
Prozess nachvollziehbar hinterlegt und zugänglich sind. Es bedarf
bereits vor der Krise einiger Überlegungen und entsprechender Koordination, um Fälle wie den Folgenden zu vermeiden: Das Unternehmen verfügt über ein Krisenhandbuch, das beim Geschäftsführer oder beim Bereichsleiter im Schrank unter Verschluss steht,
damit die Personalakten, die sich im selben Schrank befinden, vor
Dritten geschützt werden. Doch ein Krisenhandbuch bringt nichts,
wenn es in der Krise unzugänglich ist – eine Situation, die sich in
der Praxis leider allzu oft beobachten lässt. Ferner gilt es, Kommu-
nikationsrichtlinien für intern und extern zu definieren, sodass klar
ist, wer zum Kriseninterventionsstab gehört, wer was kommuniziert
und wie kommuniziert wird.

b) Vorbereitung

Ebenso spielt die psychische und physische Belastbarkeit einzelner
Mitarbeiter eine Rolle: Da die Belastung in einer Krisensituation wesentlich größer ist als im Normalbetrieb, kann es sein, dass sich
einzelne Mitarbeiter nicht für einen solchen Einsatz eignen. Bewegt
sich beispielsweise ein Mitarbeiter im Normalbetrieb bereits im roten Drehzahlbereich, wäre sein Einsatz in der Krise unverantwort-

lich. Dieser kann im Worst Case Szenario zu anhaltender Überlastung und folglich zu einem längerfristigen Ausfall des Mitarbeiters führen, z. B. in Form eines Burn-out. Je nach Art der Krise können ebenfalls die familiären Umstände eines Mitarbeiters gegen seinen Einsatz sprechen. So kann es z. B. sein, dass eine Fachkraft nicht außerhalb ihrer regulären Arbeitszeit zur Verfügung steht. Eine angemessene Einschätzung, ob sich einzelne Mitarbeiter für den Einsatz im Krisenfall eignen, setzt voraus, dass Verantwortliche ihre Teammitglieder gut kennt. Hierfür sollte bereits in Zeiten des Normalbetriebs eine gewisse Nähe zu den einzelnen Personen gegeben sein, um die Situation im Krisenfall wiederum mit der nötigen Distanz beurteilen zu können. Zur Vorbereitung empfiehlt sich die Ausbildung eines entsprechenden Krisenstabs, denn im Trainingsmodus lässt sich leichter feststellen, wie Mitarbeiter unter erschwerten Bedingungen reagieren, wo ihre Grenzen liegen und für welche Aufgaben sie in der Krise geeignet bzw. ungeeignet sind.

So stellen in der Rettungshundestaffel z. B. 36-Stunden-Übungen mit wenig Schlaf, begrenzter Nahrung und einem hohen körperlichen Anspruch eine Möglichkeit dar, Mensch, Hund und Material unter besonderen Bedingungen zu testen. In der Übung wird schnell sichtbar, wie weit der Einzelne gehen kann bzw. bereit ist, zu gehen.

3.2 Kooperation

Je nachdem, ob es sich bei der Krise um eine Unternehmenskrise, eine Branchenkrise, eine regionale oder eine weltweite Krise handelt, braucht es einen Verbund an Kooperationspartnern, denn je nach Ausmaß der Krise braucht das Unternehmen Unterstützung bei der Bewältigung und es ergeben sich viele Schnittstellen.

Nehmen wir zur Veranschaulichung ein Beispiel aus dem Rettungseinsatz: Stell dir vor, es gibt ein Erdbeben, bei dem es um jede Minute geht, um Menschenleben zu retten. Das einzig sinnvolle Verkehrsmittel ist das Flugzeug. Jeder von uns kennt den Vorgang: Auswahl der Flugverbindung, Kauf von Tickets, Parkplatz suchen, Boarding, die Sicherheitschecks. Wenn wir hier nun keine Kooperationspartner hätten, stünden wir mit mehreren Staffelkameraden und Hunden, medizinischem Equipment sowie Gefahrstoffen in Form von Hochleistungsakkus sowie Bergungsequipment am Flughafen und warteten bis zu unserem Aufruf. Die Fluglinie und der Disponent sollten jedoch bereits im Vorfeld wissen, wer wir sind und was wir brauchen, damit der ganze Ablauf schneller vonstatten geht.

Ähnlich ist es im Businesskontext. Kennt der Bankberater das Unternehmen bereits gut genug, um zügig einem Überbrückungskredit zuzustimmen? Oder muss im Ernstfall erst einmal ein Businessplan vorgelegt werden, damit der Bankberater das Geschäftsmodell bewerten und Fragen stellen kann?

In der Krise geht es um Geschwindigkeit, schnelle Entscheidungen und die Existenzsicherung, daher braucht es strategische Weitsicht. Es gilt, bereits im Vorfeld Kooperationen zu bilden und zu pflegen. Dabei kommt es auch auf die Gestaltung der Zusammenarbeit mit Vertragspartnern an – unabhängig davon, ob es sich um Kunden, Lieferanten oder Kooperationspartner handelt. Unternehmen, die in guten Zeiten immer wieder auf Paragrafen im Vertrag verweisen und versuchen, Kleinigkeiten durchzusetzen, können in Krisenzeiten keine Flexibilität erwarten und auf Verständnis hoffen. Das heißt nicht, dass es keine Verträge geben sollte, aber es ist immer eine Frage des Umgangs miteinander und der Ausgestaltung von Freiräumen. In der Krise lässt sich kein zartes Pflänzchen der Kooperation aufbauen – der Baum muss bereits stehen!

3.3 Kommunikation

Bei der Kommunikation ist es wichtig, sie kurz, eindeutig und sachlich zu halten. Selbstverständlich gehört bei Besprechungen auch Small Talk dazu, also nachzufragen, wie es dem Gegenüber geht. Für Klarheit auf beiden Seiten ist anschließend eine offene und zielgerichtete Kommunikation fundamental. Um sicherzustellen, dass der Auftrag tatsächlich verstanden wurde, empfiehlt sich, diesen durch den Mitarbeiter wiederholen zu lassen, denn es gibt nichts Schlimmeres, als dass der Mitarbeiter mit Fragezeichen im Kopf irgendeinen Aktionismus betreibt – nach dem Motto „Hauptsache etwas gemacht." In diesem Sinne sind Ergebnisprotokolle bei internen Besprechungen äußerst wertvoll. Hier gilt ebenfalls: Die Aufgaben sind kurz, eindeutig und sachlich zu formulieren, zudem sind Zuständigkeiten und Fristen festzulegen. Natürlich wird immer wieder die Frage aufkommen, ob das denn wirklich erforderlich sei. Die Antwort lautet: „Ja, ist es!", denn in einem halben Jahr weiß keiner mehr genau, was besprochen wurde. So entsteht überhaupt erst die Möglichkeit, Aufgaben und ihren Erfüllungsgrad regelmäßig nachzuhalten. Gleichzeitig stellt diese Praxis eine Art Commitment für beide Seiten dar. Der Aufgabenverantwortliche stimmt zu, die

Aufgabe bis zu einem bestimmten Zeitpunkt erfüllt zu haben und der Gesamtverantwortliche erklärt sich bereit, das Ergebnis zu prüfen. Dabei sollte Letzterer jedoch nicht bis zur Deadline warten, sondern auch zwischendurch den prozentualen Fertigstellungsgrad prüfen, um bei Bedarf rechtzeitig zu intervenieren.

In Krisenzeiten zählen schnelle Ergebnisse, es wird immer unter massivem Zeitdruck gearbeitet und die emotionale Belastung ist enorm groß, daher liegen häufig die Nerven blank. Es ist also nicht verwunderlich, wenn der Ton einmal etwas rauer wird. Im Anschluss an die Krise ist es wichtig, ihr Ende symbolisch zu manifestieren, z. B. bei einem gemeinsamen Essen mit der Belegschaft – zum einen, um den erfolgreichen Abschluss zu feiern und zum anderen, um die Mitarbeiter wieder in den Normalzustand zu überführen. Der gemeinsame Abschluss der Krise eröffnet darüber hinaus den Raum für Reflexion, ermöglicht, noch einmal alles Revue passieren zu lassen und gemeinsam zu bewerten. Dabei geht es auch um eine gegenseitige Rückmeldung in Form von Feedback für jeden Einzelnen mit Bezug auf dessen individuelle Stärken und Defizite.

3.4 Kontrolle

Stell dir vor, du bist mit deinem Team in Italien im Epizentrum eines Erdbebens. Bei knapp 30° C bewegst du dich inmitten einer völlig zerstörten Stadt über Schuttberge. Jeder hat seine zugewiesene Aufgabe, die er unter erheblichem Zeitdruck gewissenhaft abarbeitet. Eigene Befindlichkeiten werden verdrängt und jeder Einzelne geht weit über die Grenzen seiner Belastbarkeit hinaus – das gilt auch für die Rettungshunde. Wer hier nicht die Kontrolle behält und den Überblick verliert, scheitert. Der Ausfall eines Suchteams wäre in dieser Situation verheerend und würde die Teamleistung weit zurückwerfen. Übertragen auf den Unternehmenskontext bedeutet dies, die Kontrolle über zwei Aspekte zu haben: Die Priorisierung und das Abarbeiten relevanter Aufgaben in der Krise sowie die Sicherstellung der Funktionsfähigkeit des Teams.

Voraussetzung dafür ist, dass der Teamverantwortliche auf persönlicher Ebene weiß, wo er selbst steht und dass er seine eigenen Trigger, also Schmerzpunkte, kennt. Außerdem muss er in der Lage sein, einzuschätzen, welche Randbedingungen auf ihn bzw. das Unternehmen zukommen können, um Prioritäten festzulegen und Aufgaben entsprechend zu delegieren. Einerseits ist es wichtig, nicht in einen wilden Aktionismus zu verfallen und Aufgaben mit geringerer Priorität zu erledigen, nur weil diese sich leichter abarbeiten lassen, denn eine Nichtbearbeitung von Aufgaben mit höchster Priorität kann dem Unternehmen das Genick brechen. Andererseits ist sicherzustellen, dass aus einer sachlichen bzw. technischen Krise, die grundsätzlich beherrschbar ist, nicht plötzlich eine Reputationskrise wird, weil sich das Unternehmen in öffentlichen Medien und Social Media unangemessen verhält bzw. schlecht kommuniziert.

In Bezug auf das Team gilt, sicherzustellen, dass niemand in den roten Drehzahlbereich gerät. Natürlich sind die Mitarbeiter bis zu einem gewissen Grad herauszufordern – ohne Frage. Der Teamverantwortliche ist jedoch auch dafür zuständig, darauf zu achten, dass niemand aus dem Team komplett ausfällt. Ein solcher Totalausfall eines wichtigen Teamplayers wäre in einer Krisensituation das Schlimmste, was passieren kann, weil dann das Aufgabenpaket von anderen übernommen werden muss, was wiederum dazu führt, dass die Effizienz sinkt.

In Summe gilt also, immer die Kontrolle zu behalten. Dies gelingt mit den richtigen Fragen: Wo stehe ich? Wie bin ich positioniert? Greifen meine Maßnahmen noch oder betreibe ich typischen Aktionismus? Komme ich voran? Funktioniert mein Team noch?

3.5 Komfortbereich

In den Komfortbereich können sich Mitarbeiter aller Ebenen zurückziehen – es handelt sich um eine Art Ruhezone für Pausen, um neue Energie zu tanken. Am Anfang sind es kürzere Pausen. Je länger die Krise andauert, desto länger werden die Pausenzeiten. Im Vordergrund steht nicht, die Beine hochzulegen und zu entspannen. Es geht vor allem um die Gelegenheit zur Reflexion, denn mit einem klaren Kopf und entsprechendem Abstand lässt sich die Situation besser beurteilen. Es ist wichtig, den Krisenmodus zu verlassen, um zu erkennen, wo man selbst gerade steht und an welchem Punkt die anderen einen sehen.

4. Spannungsfelder und Dilemmata

Die fünf Ks sind plausibel – doch was zunächst einfach klingt, erweist sich in der Umsetzung als gar nicht so leicht. Das ist der Fall, da sich Verantwortliche und Teammitglieder in verschiedenen Spannungsfeldern und Dilemmata bewegen. Das größte Dilemma im Katrastophenschutzeinsatz ist, wie weit ich mich und meinen Hund belasten kann, sodass wir möglichst schnell viele Menschenleben retten, ohne uns selbst Schaden zuzufügen. Auch im Unternehmenskontext befinden sich Verantwortliche und Fachkräfte in diversen Spannungsfeldern, in denen Dilemmata zur Tagesordnung gehören, die die Umsetzung erschweren. Nachfolgend sind Beispiele aufgeführt, um einige dieser Herausforderungen und Stolpersteine zu veranschaulichen.

a) Offenheit für Neues vs. kritisches Hinterfragen

Häufig lässt sich beobachten, dass in Krisensituationen auf eine ungeeignete Standardausrüstung zurückgegriffen wird. Die Argumentation lautet dann oft, dass ein bestimmtes Equipment bisher nicht benötigt wurde und mit Sicherheit auch jetzt nicht von Nöten ist. Doch in Zeiten eines rasanten Wandels ist es zwingend erforderlich, das vorhandene Equipment regelmäßig und angemessen zu erweitern. Das gelingt nur, wenn jeder an seinem eigenen Mindset arbeitet und mit einer gewissen Offenheit auf die Geschehnisse blickt. In der heutigen Zeit können wir uns z. B. nicht der Digitalisierung verwehren und auf Möglichkeiten wie Online-Meetings verzichten. Gleichzeitig ist es wichtig, nicht jedem Trend hinterherzulaufen, sondern gewisse Entwicklungen kritisch zu hinterfragen. Wann bremst das eigenen Mindset aus, obwohl Offenheit für Neues angebracht wäre? Und wann ist kritisches Hinterfragen notwendig? Das Ziel ist, ein ausgewogenes Verhältnis beider Aspekte herzustellen, um Tradition und Innovation optimal in Einklang zu bringen.

b) Vorbereitung vs. Improvisation

Damit sich eine Krisensituation erfolgreich meistern lässt, braucht es eine sehr gute Vorbereitung, diese ist jedoch nicht zu 100 % möglich. Während sich etwa 80 % vorbereiten und damit planen lassen, macht Improvisation die restlichen 20 % aus. Entsprechend sind die Beteiligten auch bei sehr guter Vorbereitung gefragt, Unabwägbarkeiten auszuhalten und flexibel damit umzugehen, also agil zu sein.

c) Schnelle Entscheidungen vs. gründliche Entscheidungen

In der Krise müssen notwendige Entscheidungen möglichst schnell getroffen werden. Natürlich ist es wichtig, sich erst einmal die nötige Wissensbasis zu verschaffen, also auch interne und externe Experten hinzuzuziehen, um die Sachlage überhaupt beurteilen und eine fundierte Entscheidung treffen zu können. In jedem Fall kommt es darauf an, den Kopf für die Sachlichkeit, das Herz für das Gefühl und den Bauch für die Erfahrung gleichermaßen ernstzunehmen, um zu einer Entscheidung zu kommen. Grundlegend ist, den richtigen Zeitpunkt einer Entscheidung nicht durch ein ständiges Vertagen zu verpassen. Dies kann im Worst Case Szenario über die Existenz des Unternehmens entscheiden, denn je länger der Prozess der Entscheidungsfindung dauert, desto größer die Wahrscheinlichkeit, dass z. B. ein Wettbewerber schneller ist oder der Kunde es sich anders überlegt. Aus dieser Perspektive betrachtet, ist eine schlechte Entscheidung besser als gar keine. Gleichzeitig kann eine voreilige Entscheidung zu einer Verschlechterung führen, daher bedarf es immer einer Abwägung.

d) Wohl des Unternehmens vs. Wohl des Einzelnen

Das Wohl des Unternehmens steht grundsätzlich über dem Wohl des Einzelnen. Das bleibt vor allem bei einem Wirtschaftsunternehmen, dessen Existenz gerade auf dem Spiel steht, nicht aus. Gleichzeitig haben wir es mit Menschen zu tun und tragen eine soziale Verantwortung ihnen gegenüber. Sie dürfen weder „verbrannt" noch unfair behandelt werden. Ein ausgewogenes Verhältnis zu finden, ist nicht immer einfach.

e) Nähe vs. Distanz

In der Krise kommen für gewöhnlich Emotionen auf. Mal braucht es eine gewisse Nähe, um diese Empfindungen aufzufangen, mal eine gewisse Distanz, um den Job professionell zu Ende zu bringen. Es ist Fingerspitzengefühl gefragt, um einzuschätzen, wann wie viel Nähe oder Distanz angemessen ist.

f) Kommunikation vs. Verschwiegenheit

Die mediale Aufmerksamkeit nimmt mit der Größe der Krise zu. Der Presse gegenüber wird meist nur das kommuniziert, was bereits in der Öffentlichkeit bekannt ist. Das stellt ein Problem für die Glaubwürdigkeit und Transparenz des Unternehmens dar. Gleichzeitig braucht es eine gewisse Verschwiegenheit, um keine Interna preiszugeben, die z. B. als Schuldanerkenntnis interpretiert werden könnten. Das richtige Verhältnis zu finden, gleicht einem Balanceakt.

g) Business as usual vs. Lernbereitschaft

Nach einer bewältigten Krise neigen viele Unternehmen dazu, wieder zum „Business as usual" überzugehen. Ohne eine entsprechende Fehleranalyse ist es jedoch nicht möglich, aus Fehlern zu lernen. Dabei entscheidet ebendiese Reflexion und Lernfähigkeit bereits bei der nächsten Krise womöglich über die Existenz des Unternehmens.

5. HELM – Tipps für einen adäquaten Umgang mit Krisen

Nachdem die fünf Ks als Learnings aus dem Katastrophenschutz zum besseren Verständnis detailliert beschrieben worden sind, lassen sich die wichtigsten Aspekte extrahieren und mit dem Akronym **HELM** leichter merken: **H**indernis, **E**ntscheidung, **L**eistungsfähigkeit und **M**enschlichkeit.

a) Hindernis

Das Hindernis steht für die Definition des Problems. Relevante Fragen sind: Was ist das Hindernis? Was sind die Hintergründe? Was passiert auf dem Markt? Welche Informationen habe ich? Wie bin ich aufgestellt?

b) Entscheidung

Der größte Fehler ist nicht, die falsche Entscheidung zu treffen, sondern gar keine. Insofern geht es in einer Krise darum, die Ärmel hochzukrempeln und mutig zu handeln – auch auf die Gefahr hin, dass sich rückblickend betrachtet herausstellt, dass eine getroffene

Entscheidung falsch war. Die relevante Frage ist folglich: Wie entscheide ich?

c) Leistungsfähigkeit

Jedes Teammitglied ist leistungsfähiger als die Person selbst oder ein Außenstehender denkt. Voraussetzung dafür, dass sich die tatsächliche Leistungsfähigkeit maximal entfalten kann, ist, dass der Verantwortliche nicht nur das richtige Team im Hintergrund hat, sondern vor allem weiß, wie es funktioniert, es gut kennt und fair zu ihm ist.

d) Menschlichkeit

Jeder von uns hat sein eigenes Päckchen zu tragen, sowohl privat als auch beruflich. Es ist daher wichtig, fair, ehrlich, offen und transparent zu sein sowie Probleme – auch zwischenmenschliche – anzusprechen. Entscheidend ist, dem Menschen immer direkt, vertrauensvoll und mit dem nötigen Respekt auf Augenhöhe zu begegnen und ihm in Sachen Interkulturalität Akzeptanz entgegenzubringen. Demnach ist Menschlichkeit die wohl wichtigste Komponente.

Fazit: Eine Krise erfolgreich zu meistern, setzt zum einen voraus, sie zunächst als solche zu akzeptieren. Zum anderen ist das A und O, mit allen Sinnen im Leben zu stehen, Feinheiten wahrzunehmen und den Mut zu haben, die Sache in die Hand zu nehmen. Verliere dich dabei nicht im Ernst des Lebens, sondern begegne der Situation wie ein Rettungshund: Sei hoch motiviert, stelle dich spielerisch der Situation, vertraue auf deine Stärken und finde die passende Lösung – sofern du das wirklich willst, wird es dir gelingen.

FELIX
WILDE

Über den Autor

Felix Wilde[5] hat Bauingenieurwesen studiert und zusätzlich einen Executive-MBA absolviert in Deutschland und den USA. Er vereint einen reichhaltigen Erfahrungsschatz im Krisenmanagement aus seiner internationalen Tätigkeit in einem Weltkonzern und aus seinem Engagement in einer international und regional operierenden Rettungshundestaffel. Ein Lehrauftrag an der Hochschule Stuttgart im Bereich Infrastrukturmanagement rundet sein Profil ab.

Felix schafft es sehr eindrucksvoll, seine Learnings aus dem Katastrophenschutz auf Krisen in Unternehmen zu übertragen, denn die entscheidenden Kriterien für Erfolg oder Misserfolg sind die gleichen.

Motto: »Die Krise ist vergleichbar mit einer Flasche Ketchup. Man weiß genau, dass etwas kommt, aber nicht wann und in welcher Intensität. Daher gilt es, immer vorbereitet zu sein.«

---

[5] www.felix-wilde.de

Tilman Weinig & Alexej Boris

ToXiGames – erfolgreich Resilienz im Umgang mit Krisen, Macht und Manipulation entwickeln

Extremismus läuft über charismatische Führung, Manipulation und Instrumentalisierung. Es gibt keine bessere Vorlage für die Mobilisierung von Partei, Staat und Massen als extremistische Systeme. Sie sind das Musterbeispiel für funktionierende toxische Führung.

Wer glaubt, er sei davon nicht betroffen, irrt sich: Wir alle begegnen toxischer Führung, Macht und Manipulation – persönlich, in Unternehmen und gesellschaftlich. Wir nehmen diese Phänomene oft nicht bewusst wahr, weil wir nicht gelernt haben, sie zu dechiffrieren.

In diesem Beitrag geht es jedoch weniger um die kognitive Dechiffrierung toxischer Führung. Vielmehr soll er an das Thema annähern, sensibilisieren und Bewusstsein schaffen, denn Extremismus und Radikalisierung sind keine Phänomene, die nur bei anderen Gruppen und Ethnien stattfinden. Wir alle sind darin involviert.

Solltest du im Anschluss an dieses Kapitel bereit sein, den zweiten Schritt zu gehen, bist du herzlich eingeladen, an unserem Programm ToXiGames teilzunehmen. Hier erlebst du einen tatsächlich disruptiven Zugang zu einem aktuellen Verständnis von praktischer Führung. Nachdem du die Mechanismen toxischer Führung seziert hast, verstehst du, an welchen Prinzipien sich nachhaltige Führung orientiert und was sie ausmacht. Achtung! Es bedarf Mut, diesen Schritt zu gehen, denn Selbsterfahrung initiiert Veränderungsprozesse. In jedem Fall ist es ein lohnenswerter Gang, der nicht nur zu mehr Selbstkenntnis durch Grenzerfahrung führt und viele Aha-Effekte garantiert, sondern mit Spiel, Spaß und Abenteuer den Weg zu einer modernen Führungskultur ebnet.

Wir sind bereit, wenn du es bist!

1. Radikalisierung und Extremismus

Am Anfang der Radikalisierung steht etwas, das einen interessiert und inspiriert. Sie ist insofern bis zu einem gewissen Grad wichtig, um die eigenen Präferenzen und Werte auszuloten sowie in Bezug auf Identität, Kultur und Gesellschaft die eigene Persönlichkeit zu finden. Das Konstrukt kippt dann, wenn jemand so stark auf ein Thema oder eine Ideologie fixiert ist, dass daneben nichts anderes mehr Gültigkeit hat. Es handelt sich hierbei um einen Prozess, der schleichend stattfindet. Der fokussierte Bereich nimmt zunächst zu, während der Blick auf alle anderen Bereiche des Lebens immer weiter abnimmt. Das bedeutet, jemand bewegt sich Schritt für Schritt von unserem freiheitlichen Zusammenleben weg. Im Extremfall findet eine Herauslösung aus der Gesellschaft statt, die zu Isolation führt und die Person vom gesellschaftlichen Leben entfremdet. Unterschiedliche Formen und Ausprägungen des Extremseins begegnen uns täglich. Sagt jemand: „Ich möchte gerne gesund leben, Fahrradfahren oder so viel arbeiten, dass etwas Bestimmtes funktioniert", ist das unauffällig. Dagegen nimmt z. B. ein Workaholic nicht mehr am gesellschaftlichen Leben teil. Er stellt seine Arbeit vor Gesundheit, Freizeit und Privatleben.

2. Bezug zum Unternehmenskontext

Dieser ausschließliche Fokus auf eine bestimmte Sache stellt eine kognitive Engführung dar und schränkt gleichzeitig kritisches und kreatives Denken ein. Übertragen auf den Unternehmenskontext lassen sich viele Parallelen beobachten: So wird z. B. jemand, der sich in einer gewohnten Hierarchie bewegt, mit der Zeit betriebsblind. Er arbeitet nur noch ab, hat keinen Spaß bei der Arbeit und bemerkt nicht mehr, was nötig wäre, um sich selbst zu verwirklichen. Daran ist nicht nur das Unternehmen schuld, sondern auch der Mensch selbst, weil er abstumpft. Er verliert seine Fähigkeit, frei zu denken. Genau diese Entwicklung lässt sich auch in extremistischen Systemen beobachten. Kritisches Denken ist ebenfalls nicht erwünscht und die übergeordnete Instanz soll nicht in Frage gestellt werden.

Uns geht es nicht darum, Extremismus im Unternehmenskontext zu bekämpfen, sondern vielmehr darum, die Parallelen zu extremistischen Systemen über negative Abgrenzung aufzuzeigen. Wir fokussieren uns dabei auf Machtverhältnisse und -dynamiken sowie toxische Führung. Diese drei Punkte spielen in beiden Bereichen eine Rolle. Im Folgenden greifen wir verschiedene Aspekte auf, um genau diese Parallelen aufzuzeigen. Außerdem wollen wir einen ersten Eindruck davon vermitteln, warum wir uns entschieden haben, diesen gruppendynamischen Prozess als Experiment in spielerischer Form, mittels ToXiGames, erlebbar zu machen.

2.1 Machtmechanismen

Im Kontext von extremistischen Gruppen empfinden wir den Gedanken an Macht und Machtmissbrauch naheliegend, doch stellt sich die Frage, ob und inwiefern uns solche Phänomene im 21. Jahrhundert im Unternehmenskontext überhaupt noch begegnen. Natürlich lassen sich die Unternehmensstrukturen heute nicht mit denen vor 30 oder 50 Jahren vergleichen. In Summe betrachtet sind die Strukturen heute viel transparenter geworden. Machtmechanismen sind dennoch nach wie vor vorhanden. Der Philosoph Michel Foucault spricht in diesem Zusammenhang von der Mikrophysik der Macht. Demnach haben sich Machtmechanismen stark verfeinert und werden anders gesteuert. Freiheit und Transparenz werden suggeriert, der Zugang zu Veränderung wird als gegeben dargestellt, doch die Realität sieht meist anders aus. So berichten uns z. B. Menschen, die in Behörden arbeiten, dass männliche Personen ihresgleichen nachziehen und viele Dinge nicht so gleichberechtigt funktionieren, wie sie nach außen dargestellt werden. Vor diesem Hintergrund betrachtet, lässt sich festhalten, dass Mechanismen der Machtausübung subtiler geworden sind.

2.2 Führung

Mittels Hierarchien sind Strukturen der Rangordnung und damit auch Machtmechanismen in Unternehmen fest implementiert. Jemand, der vom Unternehmen mit Aufgaben der Personalführung betraut wurde, gilt als Führungskraft. Führung ergibt sich jedoch aus dem Vertrauen sowie dem Status, den die Untergebenen der jeweiligen Person entgegenbringen. Es kann sein, dass eine Führungskraft in ihrer Rolle nicht akzeptiert wird, obwohl das Unternehmen sie mit dieser betraut hat. Genauso kann jemand beteuern, er sei keine Führungskraft, doch die Untergebenen weisen ihm die Rolle zu, weil sie in ihm eine Führungspersönlichkeit sehen. Er wird als Autorität wahrgenommen. Es ist daher wichtig, die drei Arten der Autorität zu kennen:

a) Personenautorität (auch personale Autorität)
Personenautorität speist sich aus der eigenen Wirkung auf andere Menschen. Personen mit dieser Art der Autorität ziehen Aufmerksamkeit förmlich auf sich, sobald sie einen Raum betreten. Die Mitarbeiter folgen ihnen, weil sie sie toll finden. Die Personenautorität entspricht der höchsten Form der Autorität.

b) Fachautorität (auch funktionale oder professionelle Autorität)
Fachautorität entsteht aus fachlicher Kenntnis und Expertise. Diese Personen sind gut in dem, was sie machen, haben jedoch meist erhebliche Defizite auf zwischenmenschlicher Ebene. Tendenziell gehen Mitarbeiter eher gezwungenermaßen auf ihre Grillpartys.

c) Amtsautorität (auch positionale Autorität)
Amtsautorität ergibt sich entweder aus der Position oder aus dem Amt oder aus dem Rang und besteht unabhängig von der Person des Inhabers. Die Amtsautorität endet daher, sobald die Person ihre Position nicht mehr innehat.

Eine Führungskraft sollte Personenautorität entwickeln, da diese Rolle einhergeht mit Klarheit und Authentizität – die Person ist stärker im Reinen mit sich selbst als andere.

Im Unternehmenskontext hingegen begegnet uns am häufigsten die Fachautorität, denn oft wird aufgrund von Wissensvorsprung im Vergleich zu anderen Mitarbeitern der erfolgreichste Verkäufer zum Vertriebsleiter, der beste Entwickler zum Leiter der Forschungsabteilung oder der erfahrenste Jurist zum Personalleiter.

Dieser Umstand ist problematisch, weil, wie bereits erwähnt, diese Menschen zwar fachlich sehr gut sind, auf zwischenmenschlicher Ebene jedoch häufig erhebliche Defizite aufweisen. Es ist also nicht verwunderlich, dass in vielen Unternehmen toxische Führung vorherrscht.

2.3 Indikatoren toxischer Führung

Die Indikatoren für Machtmechanismen mit toxischer Führung sind vielfältig. An dieser Stelle werden einige Beispiele zur Veranschaulichung dargestellt:

Unternehmen mit toxischer Führung verfügen über starke Hierarchien und klare Strukturen. Sie handeln intransparent und agieren häufig über Sanktionen. Als Strategie zur Vermeidung von Fehlern wählen Mitarbeiter daher lieber die Option, sich zurückzuziehen. Innovation lässt sich entsprechend selten beobachten.

Ein weiterer Indikator ist eine auffällig hohe Mitarbeiterfluktuation, insbesondere von Mitarbeiterinnen. Auch werden oft keine Personen gefördert, die an einem selbst vorbeiziehen könnten. Mitarbeiter sollen am besten exekutiv arbeiten, also Dienst nach Vorschrift machen.

Ferner haben Menschen zwar den Eindruck, dass sie in gewissen Situationen über Entscheidungsgewalt verfügen, in Wirklichkeit werden sie jedoch subtil beeinflusst und folglich manipuliert. Desinformationsstrategien entsprechen ebenso einer Form der Manipulation, denn auch falsche Informationen sind letztlich nur Mittel zum Zweck.

Diese Mechanismen greifen meist völlig unbewusst. So ist z. B. der charismatische Anführertyp, der als Kumpel auftritt, hoch gefährlich. Hier wird Verführung als Mittel zum Zweck eingesetzt, der Vorgesetzte ist immer freundlich und macht Komplimente. Grenzüberschreitungen wie z. B. das Berühren der Schulter werden nicht thematisiert, weil von einer guten Beziehung, oft sogar von einer Freundschaft, ausgegangen wird. Häufig erkennt niemand, dass sich hinter dieser Freundlichkeit eine Agenda verbirgt. Die Überraschung ist groß, wenn die Führungskraft in einer für den Mitarbeiter unerwarteten Situation eine andere Facette ihrer Person zeigt.

Die Behauptung vieler HR-Vertreter, dass es so etwas wie Mobbing in ihrem Unternehmen nicht gäbe, sollte ebenfalls hellhörig machen, denn i. d. R. ist dies ein Zeichen dafür, dass es doch Mobbing im Unternehmen gibt – nur weiß niemand davon, weil es tabuisiert wird. Die Auswirkungen lassen sich bei genauem Hinsehen dennoch erkennen: Ein schlechtes Arbeitsklima und Unzufriedenheit der Mitarbeiter am Arbeitsplatz gehören zur Normalität.

Es ist wichtig, Menschen für Indikatoren toxischer Führung zu sensibilisieren, denn wer die Mechanismen und Indikatoren kennt, kann sie bewusst wahrnehmen und folglich den Umgang mit ihnen steuern. Er wird nicht zum Opfer von Mechanismen der Machtausübung, stattdessen ist er in der Lage, sich souverän auf dem Spielfeld zu bewegen oder sogar auszusteigen.

2.4 Auswirkungen auf Unternehmenserfolg

Es ist durchaus möglich, mittels Machtmechanismen und bestimmter Methoden, wie z. B. Manipulationstechniken schnellen Erfolg für das Unternehmen zu erzielen, dieser ist jedoch nicht nachhaltig. Ganz im Gegenteil – das Vorgehen rächt sich. Anfangs steigen die Zahlen, aber das Wachstum hält nicht an. Mit der Zeit beginnen Mitarbeiter, zu rebellieren, das Unternehmen beklagt hohe Fluktuation oder es mangelt an Auszubildenden.

Sicherlich zweifelst du als Verantwortlicher manchmal auch an nachhaltiger Führung, weil sich scheinbar alles sehr langsam bewegt. Im Grunde genommen ist aber genau das ein Zeichen für Nachhaltigkeit, denn gesunde und demokratische Entwicklungen brauchen Zeit. Prozesse einer positiven Führung dauern länger, sind dafür jedoch nachhaltiger.

Hier hilft nur abwägen: Schneller Erfolg mit unabsehbaren Folgen oder nachhaltiger Erfolg mit Mitarbeiterbindung und Loyalität? Letzterer bedarf gleichermaßen zweierlei Komponenten: der sozialen Komponente einerseits und der wirtschaftlichen Komponente andererseits.

3. Relevanz von Resilienz für Unternehmen

3.1 Klein-, Mittelständische und Großunternehmen

Wir wissen, dass Werte wichtig sind – nicht nur für den Einzelnen, sondern auch für Unternehmen. Es braucht daher eine möglichst große Kongruenz zwischen den Werten des Einzelnen und den Werten des Unternehmens. Diese Werte bestehen in Unternehmen oft auf dem Papier, doch sie werden nicht gelebt und daher auch nicht erlebbar. Sie scheinen klar, werden jedoch im Handeln nicht sichtbar. In extremen Situationen mit veränderten Rahmenbedingungen reagieren alle unterschiedlich. In solchen Zeiten wird erst deutlich, wie dünn das Eis ist: In der Krise ist plötzlich abzuwägen, wie wichtig die Implementierung bestimmter Werte ist. Mal sind neue Wege zu gehen, um unerwartete Herausforderungen zu meistern. Einige etablierte Strukturen sind über Bord zu werfen. Und manchmal müssen Opfer gebracht werden.

Im Hinblick auf solche Extremsituationen gilt es, gewappnet zu sein – sowohl finanziell als auch menschlich. Doch wie ist es möglich, dass Menschen auch in schwierigen Zeiten mitgehen? Und wie können Opfer gebracht werden, ohne dass Werte geopfert werden? Das sind relevante Fragen, auf die es Antworten braucht, um Resilienz in Unternehmen aufzubauen, denn hierin stecken Emotionen. Hinterher lässt sich verlorenes Vertrauen nicht einfach wiederaufbauen. Tritt das Worst Case Szenario ein, ist mit Verlusten zu rechnen – das Unternehmen verliert wertvolle Mitarbeiter und damit Expertise sowie Erfahrungswissen.

3.2 Solo-Unternehmer

Auch Solo-Unternehmer arbeiten nicht alleine – sie haben vielleicht kein Team im klassischen Sinne, dafür arbeiten sie mit Auftraggebern, Kunden, Dienstleistern und Kooperationspartnern zusammen. Themen wie Auftreten, Verkauf und Verhandlung sind relevant – sie alle haben letztlich ebenfalls mit Führung zu tun. Resilienz stellt sich hier etwas anders dar als im Mittelstand oder in Großunternehmen, doch auch Solo-Unternehmer sind weder vor einer Krise noch vor negativer Manipulation gefeit. Auch sie sollten die Strategien der positiven Manipulation kennen und nutzen, um selbst schneller ans Ziel zu gelangen und ihrem Unternehmen auf diese Weise Wachstum zu ermöglichen. Im Unterschied zu größeren Unternehmen steht für Solo-Unternehmer insbesondere der Aufbau von Dominanz, Weichheit und Empathie im Fokus, sowie die Fähigkeit, diese Elemente in Einklang miteinander zu bringen.

4. Aufbau von Resilienz in Unternehmen

Unabhängig von der Unternehmensgröße ist es wichtig, aus der Krise zu lernen, denn Normalzustand kann jeder. Erst in einer Krisensituation zeigt sich z. B.

- wie Einzelne unter Zeitdruck agieren und wie sie Entscheidungen treffen,
- ob sie aufgrund vorhandener Strukturen „gehorchen", obwohl es vielleicht vernünftiger wäre, eine andere Entscheidung zu treffen,
- ob sich Ursachen für Fehler ermitteln und beheben lassen oder Schuld auf emotionaler Ebene von sich gewiesen wird,

- ob über die Sache diskutiert oder ein Schuldiger identifiziert und ausgeliefert wird,
- unter welchen Bedingungen Kollateralschäden in Kauf genommen werden,
- wie der Umgang mit ethisch-moralischen Aspekten aussieht,
- wie sie mit Scheitern umgehen,
- was sie tun, wenn nur schlechte Optionen zur Wahl stehen
- und vieles mehr.

Gelingen dem Einzelnen heute bestimmte Dinge noch nicht gut, geht es nicht um Schuldzuweisung, sondern um die Entwicklung neuer Strategien, vor allem im Umgang mit Dilemmata und Spannungsfeldern, um in Zukunft gewappnet zu sein. Hierzu zählt die Implementierung einer sinnvollen Diskussionskultur, um gemeinsam angemessene Lösungen zu entwickeln. Erst in der Krisensituation zeigen sich viele Aspekte schnell, klar und deutlich, daher ermöglicht die eigene Grenzerfahrung wirkungsvolles und nachhaltiges Lernen. Mit den sichtbar gewordenen Phänomenen lässt sich über eine begleitete Reflexion und Transferleistung Resilienz im Umgang mit Krisen, Macht und Manipulation für das jeweilige Unternehmen aufbauen.

5. ToXiGames

Wir haben ToXiGames entwickelt, um genau solch eine Reflexion und Transferleistung zu ermöglichen. Es ist ein Live Game, bei dem jeder Teilnehmer Teil des Spiels wird und sich über fünf partizipative Stationen hinweg immer tiefer in ein extremistisches, toxisches System begibt, das zunächst ausweglos erscheint. Auf Basis der erlebten Grenzerfahrungen wird im Anschluss an das Live Game eine begleitete Reflexion von Erleben und Empfinden möglich. Beides bildet die Grundlage dafür, neue Strategien und Techniken für Resilienz im Umgang mit Krisen, Macht und Manipulation zu erlernen – Zielgruppe sind Führungskräfte in ihrer Rolle als Vorgesetzte und Mitarbeiter gleichermaßen.

Voraussetzung für ein Gelingen ist, dass die Teilnehmer sich selbst in Bezug auf Führungsfragen zur Disposition stellen. Dies wird möglich, da unser Live Game mit Spaß und Humor in eine Krisensituation führt. Dabei greifen natürliche menschliche Phänomene, die wahrgenommen werden sollen, statt sie zu bewerten.

Das Live Game deckt subtile Machtmechanismen sowie Machtstrukturen auf und macht Prozesse der Radikalisierung sichtbar. Es zeigt, wie Manipulation funktioniert und unterscheidet dabei ebenso zwischen positiver und negativer Manipulation sowie positiver und negativer Führung. Es macht sowohl Motivation als auch Toxizität sichtbar. Das Spiel betreibt folglich Aufklärungsarbeit, wirkt entmystifizierend in Bezug auf Hierarchien, Macht und Charisma und hilft dabei, Autorität zu dechiffrieren. Durch die Unmittelbarkeit eines kurzweiligen Spiels fungiert ToXiGames als Erkenntnisbeschleuniger in Bezug auf Führungsqualitäten.

Der Begriff Kritik ist aus dem Griechischen krínein abgeleitet und bedeutet „unterscheiden, trennen", ohne eine Bewertung vorzusehen. Dieses Wissen nutzen wir, um Mut zum kritischen Denken anzuregen – hinterfragen und nachvollziehen mit dem Ziel, etwas voranzubringen. Dabei nehmen wir weder Bewertungen vor, noch bieten wir vorgefertigte Lösungen an – wir zeigen Konsequenzen auf. Diese Vorgehensweise bewirkt im Laufe des Reflexionsprozesses eine Art Rückbesinnung auf die Ziele und Werte des Unternehmens. Wir gehen nach dem Motto vor: „Okay, jetzt haben wir einiges erlebt und verstanden. Aber lasst uns doch erst mal schauen, warum wir mit dem Unternehmen überhaupt gestartet sind. Was sind denn unsere ursprünglichen Werte? Und wie wollen wir überhaupt miteinander kommunizieren?" In der Nachbesprechung wird folglich auf die fundamentalen Basics eingegangen, damit Einzelne und Teams aus sich selbst heraus passende Lösungen für sich und ihr Unternehmen entwickeln können. Dieses Vorgehen fördert nicht nur eine Veränderung der Führungskultur sowie Agilität und Loyalität im Unternehmen, sondern es initiiert auch Folgeprozesse, bei denen sich das Unternehmen bei Bedarf begleiten lassen kann. Es stellt sich die Frage, wie sich die neuen Erkenntnisse nicht nur intern, sondern in einem zweiten Schritt auch extern erlebbar machen lassen. Also: Was bedeutet das für unser Branding und Marketing? Wie wollen wir im Außen wahrgenommen und erlebt werden? Was braucht es dafür und wie setzen wir es um?

ToXiGames versetzt Einzelne und Teams in die Lage, in kritischen Situationen der Berufspraxis Informationen einzuholen, Fragen zu stellen, Verbündete zu suchen und Stopp zu sagen.

a) Informationen einholen

Zunächst wird sich eine Basis an Informationen verschafft, indem man schaut, wie andere es machen. Es ist vergleichbar mit einer Produktentwicklung. Baue ich ein Auto, schaue ich, was auf dem Markt passiert und wie Wettbewerber vorgehen.

b) Fragen stellen

Um qualitativ hochwertige Antworten zu erhalten, die einen weiterbringen, gilt es, Fragen sorgfältig zu formulieren. Hierfür eignen sich weder geschlossene Fragen, die nur mit einem „Ja" oder „Nein" beantwortet werden können, noch „Warum"-Fragen. Vielmehr braucht es Korrekturfragen, die eine Optimierung ermöglichen, z. B.: „Wie ist das gemeint?"

c) Verbündete suchen

Verbündete zu suchen, heißt, mit Kollegen in den Austausch zu gehen, um zu prüfen, wie sie die Situation einschätzen. Dies setzt voraus, dass du dich selbst zur Disposition stellst, d. h. erst einmal selbst offen zu kommunizieren, was du darüber denkst. Ein Austausch wird erst durch die geschaffene Transparenz möglich. Meist stellt sich heraus, dass ein bestimmtes Gefühl auch bei anderen vorhanden ist, sich jedoch niemand traut, etwas zu sagen.

d) Stopp sagen

Es ist wichtig, „Stopp" zu sagen, wenn etwas nicht mit den eigenen Werten vereinbar ist. Wird Mitarbeitern diese Möglichkeit verwehrt, kommt es früher oder später zu einer inneren Kündigung. Diese wiederum zu Personalfluktuation. „Stopp" sagen setzt jedoch beim Mitarbeiter voraus, dass er bereits während der Radikalisierung, also in der Phase toxischer Führung, eine Meta-Perspektive einnimmt, um freie Sicht zu haben. Er sieht sonst vor lauter Bäumen den Wald nicht mehr. Der Schlüssel ist, sich zurück zu nehmen und zu beobachten, was gerade passiert, also einen Perspektivwechsel vorzunehmen.

Fazit: Extremismus und Radikalisierung finden nicht nur bei anderen Gruppen und Ethnien statt, sondern wir alle sind darin involviert. Hierarchische Strukturen gepaart mit der Auswahl an Fachautoritäten als Führungskräfte bilden das Fundament für subtile Machtmechanismen, in denen Manipulation und Instrumentalisierung an der Tagesordnung stehen. Erst ein Dechiffrieren macht sie sichtbar und ermöglicht die Initiierung von Veränderung, um eine moderne Führungskultur, Loyalität und Agilität zu entwickeln. ToXiGames, unser mehrfach ausgezeichnetes Live Game, eignet sich dazu, toxische Führung aufzudecken, da ein Selbsterfahrungslernen über Grenzerfahrungen in der Krisensituation möglich wird. Das Ziel ist, gemachte Erfahrungen und Erlebnisse gepaart mit Emotionen zu memorieren. Hierbei handelt es sich um einen Prozess, bei dem Teilnehmer an ihre persönlichen Grenzen geführt werden. An das Spiel schließt eine elaborierte, intensive Reflexion an, damit ein rascher Erkenntnisgewinn garantiert ist. ToXiGames bildet das Fundament für Resilienz im Umgang mit Krisen, Macht und Manipulation und dient dem Aufbau von nachhaltig erfolgreichen Unternehmen.

ALEXEJ BORIS
TILMAN WEINIG

Über die Autoren

Die INSIDE OUT Academy[6] definiert mit ToXiGames Führung neu. Die Academy vermittelt Führungswissen durch Selbst- und Krisenerfahrung sowie angewandte Praxis in Form von herausfordernden Gruppenformaten mit direkten Bezügen zur globalen Lebenswelt. Im Fokus stehen Machtverhältnisse, Machtdynamiken, toxische Führung sowie Erfahrungen aus Extremismus und Radikalisierung, da extremistische Systeme und Unternehmenskontexte in den genannten Aspekten große Parallelen aufweisen.

Die Gründer und CEOs der INSIDE OUT Academy, Tilman Weinig, Religionswissenschaftler, und Alexej Boris, Schauspieler, arbeiten seit 2012 in der Prävention von Extremismus und haben ein von staatlichen Förderungen unabhängiges Unternehmen mit ca. 100 Mitarbeitern aufgebaut, das sich sowohl bundesweit als auch international gegen Extremismus und für Demokratie einsetzt. Ihre Arbeit zeichnet sich aus durch Praxiserfahrung und das Verknüpfen von Bildung, Forschung und Kunst. Sie legen Wert auf beschleunigte Wissensvermittlung mit Perspektivwechsel und Humor.

Motto: »Es gilt, aus der Krise zu lernen – Normalzustand kann jeder.«

---

[6] www.insideout-academy.com

Dr. rer. nat. Martin Emrich

Erfolgreich als Trainer und Speaker mit NOPA – Netzwerken, Offenheit, Partizipation und Agilität

In diesem Beitrag stelle ich **NOPA** als Erfolgsstrategie für Trainer und Speaker vor. NOPA steht für **N**etzwerken, **O**ffenheit, **P**artizipation und **A**gilität. Diese Strategie veranschaulicht auf plausible Weise, dass nur die Trainer und Speaker in der Lage sind, über sich selbst hinauszuwachsen, die richtig netzwerken und Verkaufsgespräche führen, Teilnehmer am Geschehen partizipieren lassen, flexibel zwischen Rollen hin- und herwechseln, Rückmeldung annehmen und sich reflektieren sowie regelmäßig ihre Komfortzone verlassen und an sich arbeiten. NOPA eröffnet solchen Trainern und Speakern die Möglichkeit, sich von jenen Kollegen aus dem eigenen Feld zu unterscheiden, die alle das Gleiche falsch machen und eine denkbar schlechte Performanz an den Tag legen: Sie bewegen sich zu 80 % in der Expertenrolle und vergessen, ihre Teilnehmer einzubeziehen. Dann braucht es keine Live-Events, denn in diesem Fall unterscheiden sie sich kaum von monotonen YouTube-Videos – nicht umsonst heißt es: „Fachidiot schlägt Kunde tot."

Trainer und Speaker, die das NOPA-Prinzip verinnerlichen und für sich anwenden, heben sich nicht nur von der Masse ab, sondern sie wirken gleichermaßen interessant auf Teilnehmer, Kunden sowie Auftraggeber und kennen erforderliche Strategien für wohlverdienten Erfolg. Da Personengruppen wie z. B. Geschäftsführer, Führungskräfte und Unternehmer in ihrer täglichen Praxis ebenfalls regelmäßig Präsentationen halten, ist NOPA für sie genauso relevant wie für Trainer und Speaker. Für eine bessere Lesbarkeit wird im

Folgenden meist von Trainern und Speakern gesprochen, ohne die anderen genannten Gruppen ausschließen zu wollen – es sei denn, es erfolgt ein expliziter Hinweis, weil sich bestimmte Modelle bzw. Formate nicht übertragen lassen.

1. Netzwerken

»Your network is your net worth. – Dein Netzwerk ist dein Kapital.«

1.1 Geben ist das neue Nehmen

Um als Trainer und Speaker kurz-, mittel- und langfristig erfolgreich zu sein, brauchst du ein Netzwerk mit guten Beziehungen. Ein solches Netzwerk kannst du dir aufbauen, erhalten und erweitern, indem du ein ungeschriebenes Gesetz beherzigst: Menschen haben das Bedürfnis, etwas zurückzugeben, wenn sie etwas geschenkt bekommen. In diesem Sinne gilt: *It's nice to be important but it's more important to be nice.* Halte also nicht die Hand auf, wenn du auf dein Netzwerk zugehst, sondern schenke erst einmal etwas, das einen Mehrwert für dein Gegenüber darstellt. Es braucht nichts Monetäres oder Materielles zu sein. Du kannst auch Anerkennung und Lob schenken oder deinem Gegenüber einfach nur zuhören. Prüfe also zunächst, was du für dein Netzwerk tun kannst, dann kommt mit Sicherheit etwas zurück. Entscheidend ist, dass dein Geschenk bedingungslos ist, d. h. ohne Erwartung einer Gegenleistung, andernfalls spüren das deine Mitmenschen und meiden dich.

1.2 Netzwerkaufbau

Hast du noch kein Netzwerk, gibt es zwei bewährte Möglichkeiten, eines aufzubauen: Durch die Teilnahme an Ausbildungen mit Kollegen aus dem gleichen Feld und durch die Teilnahme an Veranstaltungen mit potenziellen Kunden vor Ort. An dieser Stelle sei angemerkt, dass der Zugang zu Netzwerken immer Geld kostet – unabhängig davon, für welches Format du dich entscheidest. Die Kosten solltest du als Investition betrachten, die sich allemal lohnt, denn die Teilnahme an einer Ausbildung oder einem Event ist eine deutlich günstigere Variante des Netzwerkaufbaus als dich bei jedem Unternehmen einzeln vorzustellen – hier kommen nämlich noch der Zeitaufwand und Kosten für Anreise sowie Übernachtung hinzu.

1.2.1 Teilnahme an Ausbildungen mit Kollegen aus dem gleichen Feld

Eine Ausbildung mit Kollegen aus dem gleichen Feld kann z. B. eine Trainer- oder Speakerausbildung sein. Dort triffst du auf Menschen, die das gleiche „Warum" antreibt wie dich und die sich gegenseitig unterstützen, sodass eine positive Energie entsteht. Neben der Vermittlung von Inhalten eröffnet eine Ausbildung also den Zugang zu einem Netzwerk an Gleichgesinnten, was enorm wichtig ist für deinen Erfolg. Auf Französisch heißt es: „Qui se ressemble s'assemble." Auf Deutsch bedeutet das so viel wie: „Was sich gleicht, versammelt sich." Das gilt auch für die Ausbilder, die dich unterstützen und im Idealfall einen ähnlichen Traum verfolgen. Mein Team und ich bieten daher nicht nur verschiedene Ausbildungen an, die den Zugang zu Netzwerken öffnen. Wir nutzen auch selbst diverse Gelegenheiten, um uns weiterzubilden und auf diese Weise unser eigenes Netzwerk kontinuierlich auszubauen. Unsere Botschaft an dich ist also: Umgib dich immer wieder mit Menschen, die den gleichen Traum haben wie du.

1.2.2 Teilnahme an Veranstaltungen mit potenziellen Kunden vor Ort

Trainerkollegen geben Energie – Aufträge kommen von Kunden: Ein Kollege vermittelt keine Aufträge weiter, die er selbst bedienen kann. Daher solltest du den Fokus auf bewährte Events legen, die den Zugang zu potenziellen Kunden eröffnen, wie z. B. Speeddating oder Wettbewerbe. Beim Speeddating sind im Idealfall verschiedene HR-Direktoren als Unternehmensvertreter vor Ort, die über ein Budget für Fortbildungen im Unternehmen verfügen. Du als Trainer sitzt ihnen gegenüber und präsentierst dich. Die Vertreter können sich je nach Bedarf für einzelne Anbieter entscheiden. Speeddatings eignen sich vor allem für Coaches und Berater, weil sie sich hier im Eins-zu-Eins präsentieren, ähnlich dem Dienstleistungsformat, das sie anbieten. Bei Wettbewerben wie unserem European Speaker Award präsentieren verschiedene Trainer und Speaker ihre Performanz auf der Bühne. In einem zeitlich befristeten Rahmen halten sie im Idealfall einen Vortrag zu ihrem absoluten Lieblingsthema. Ebenfalls anwesende Unternehmensvertreter erleben die Auftritte live und haben im Anschluss die Möglichkeit, den in ihren Augen besten Trainer oder Speaker zu beauftragen. Wettbewerbe sind im Vergleich zu Speeddatings sehr zeiteffizient, da der Redner sich nur einmal auf der Bühne präsentiert und ihn diverse

Unternehmensvertreter gleichzeitig sehen. Veranstaltungen dieser Art eigen sich insbesondere für Trainer und Speaker, die sozusagen eine Arbeitsprobe passend zu ihrer Dienstleistung abliefern möchten.

1.3 Bewusste Auswahl von Gesprächspartnern – die drei Steine

Egal auf welcher Art von Veranstaltung du dich befindest – in Kaffeepausen, beim Mittagessen oder beim Abendessen bleibt dir nicht viel Zeit, dich mit allen vor Ort zu unterhalten. Umso wichtiger ist es, dass du diese Zeiträume bewusst nutzt, um deine Batterien aufzuladen und mit Bedacht positive Kontakte zu knüpfen. Letzteres trifft im Übrigen auch auf andere Kontexte zu. Alle Menschen in deinem Umfeld und Netzwerk sind Steine – die Frage ist, was für welche. Die erste Gruppe sind Mühlsteine. Diese Menschen gehören zur schlimmsten Sorte. Sie sind negativ, nörgeln ständig, verbreiten ihre negative Energie und ziehen so andere emotional herunter. Es gilt: Fernbleiben. Die zweite Gruppe sind Prüfsteine. Das sind Menschen, die nicht immer Spaß machen, für die wir aber oft eine Verantwortung tragen, z. B. Pflegebedürftige, Angehörige oder ein Kollege, den du dir nicht selbst ausgesucht hast. Bei Prüfsteinen gilt: Überlege, was du von ihnen lernen kannst, um zu wachsen. Die dritte Gruppe sind Edelsteine. Das sind Menschen, die energetisieren. Ein paar Minuten in ihrer Gegenwart und dir geht das Herz auf. Nach dem Gespräch fühlst du dich besser als davor. Hier gilt: Bleibe regelmäßig mit ihnen in Kontakt, damit sie deiner Seele guttun. Bilanz: Setze dich auf einer Veranstaltung nie neben einen Mühlstein. Wähle einen Edelstein, wenn möglich. Gibt es an dem Tag keinen, nimm einen Prüfstein zum Lernen.

1.4 OPAL-Methode für Gespräche mit potenziellen Auftraggebern

Situationen, in denen wir mit potenziellen Auftraggebern ins Gespräch kommen, ergeben sich immer wieder. Die Qualität des jeweiligen Gesprächs entscheidet darüber, ob ein Auftrag zustande kommt oder nicht. Viele machen den Fehler, dass sie zu viel über sich, ihr Unternehmen und ihre Themen erzählen, statt einem potenziellen Auftraggeber erst einmal mit Small Talk auf menschlicher Ebene zu begegnen, ihm zuzuhören und Fragen zu stellen. Die meisten Menschen klingen wie Schallplattenspieler, die auswendiggelernte Firmenpräsentationen abspielen. Das ist fatal, denn der potenzielle Kunde möchte individuell wahrgenommen werden. Eine angemessene Gesprächsführung ermöglicht die **OPAL**-Methode. Mit dieser Methode gelingt es, einen impliziten Bedarf in einen expliziten Bedarf umzuwandeln: Das **O** steht für **O**rientierungsfragen, das **P** für **P**roblemfragen, das **A** für **A**uswirkungsfragen und das **L** für **L**ösungsfragen. Die Orientierungsfragen helfen zu verstehen, was das Unternehmen in einer spezifischen Branche gerade bewegt. Beispielsweise könnte die erste Frage bei einem Unternehmen wie BMW lauten: „Welche Themen sind gerade in der Automobilbranche interessant?" Mit Problemfragen gilt es, herauszufinden, wo aktuell der Schuh drückt. Eine dieser Fragen könnte lauten: „Was ist gerade jetzt, in der Corona-Krise, das dringendste Problem für BMW?" Die Auswirkungsfragen zielen darauf ab, bewusst zu machen, was die Konsequenz ist, wenn der Gesprächspartner den Trainer nicht bucht, also: „Was passiert, wenn nichts passiert?" Bei den Lösungsfragen geht es um eine Paraphrase, die die Aussage des Gesprächspartners durch Wiederholung spiegelt und inhaltlich auf Richtigkeit prüft. Etwa so: „Es würde Ihnen also etwas nützen, wenn Sie ein Führungskräftetraining hätten, das dafür sorgt, dass Sie niedrigere Fluktuation haben und das Ihr Employer Branding weiter stärkt? Habe ich das richtig verstanden?" Bejaht der potenzielle Kunde die Lösungsfragen, kann als Nächstes über ein Angebot gesprochen werden: „Ja, gut, dann sind wir uns ja einig. Wie wollen wir weiter machen? Brauchen Sie jetzt ein schriftliches Angebot? Geht das so per Handschlag? Oder soll ich das einfach noch mal in eine E-Mail schreiben?" Ein riesiger Vorteil ist nun, dass im Angebot die Sprache des potenziellen Kunden verwendet werden kann. Er hat viel geredet, sodass seine Worte genutzt werden können, um ein Angebot passgenau zu formulieren. Und hierin liegt schließlich das Erfolgsgeheimnis: Der potenzielle Kunde hat das Gefühl, verstanden worden zu sein und ein Angebot zu erhalten, das speziell für seine Bedarfe bzw. die des Unternehmens entwickelt wurde – higly customized, also ganz individuell abgestimmt.

1.5 Netzwerkpflege und Kundenbindung

Bestehende Netzwerke und Kunden bedürfen der Pflege. Häufig kommt diese zu kurz oder wird völlig verkehrt angegangen. Auch wenn es ein wenig plakativ klingt, beobachte ich in der Praxis häufig Folgendes: „Lieber Kunde, ich habe Umsatz-Burn-Out. Wir verstehen uns doch gut. Bitte gib mir mal einen Auftrag. Wir mögen uns doch." Ein solches Vorgehen schadet der Beziehung mehr, als dass es hilft. Grundsätzlich gilt, dass du immer nur dann Pflege betreiben solltest, wenn es etwas gibt, das Mehrwert für deinen Kontakt bietet. Am einfachsten gelingt dies durch das Anknüpfen an vorangegangene Gespräche oder Interessen. Möglicherweise gibt es einen aktuellen Artikel, Post, Blogbeitrag oder ein YouTube-Video, das zu eurem letzten Gespräch passt: „Lies dir das mal durch", bzw. „Schau dir das mal an, das könnte interessant für dich sein." Vielleicht bietet sich gerade aber auch ein neues eigenes Buch als Geschenk an oder die Einladung zu einem eigenen Event – Letzteres nicht mit dem Ziel, Geld zu verdienen, sondern das eigene Netzwerk für den Kontakt zu öffnen. Hier kommt Qualität vor Quantität. Es kann auch einmal eine Weile vergehen, bis du wieder den Kontakt aufnimmst, um dein Netzwerk zu pflegen. Bietest du dann aber einen echten Mehrwert, ist die Freude über das Geschenk umso größer und deine Geste gerät nicht so schnell in Vergessenheit.

2. Offenheit

»*Your mind is like a parachute. It only works when it opens. – Dein Geist ist wie ein Fallschirm. Er funktioniert nur, wenn er sich öffnet.*«

Zu den wichtigsten Erfolgsfaktoren zählen die Offenheit für Rückmeldung und das aktive Einholen regelmäßigen Feedbacks. Grundsätzlich steht es dir als Empfänger dieses Feedbacks frei, dein Verhalten entsprechend zu ändern, z. B. weil du diese Rückmeldung bereits öfter erhalten hast, oder bestimmte Aspekte zu verwerfen, beispielsweise weil es gute Gründe dafür gibt, anzunehmen, dass der Sender wegen etwas anderem verärgert war und seinen Ärger auf dich projiziert hat. So oder so gilt jedoch: Nutze als Trainer jede Möglichkeit, dir gezielt Feedback einzuholen – am besten am Ende jeder Sequenz. Und nimm es ernst! Dabei kann das Feedback auf Papier, Face-to-Face oder online erfolgen. Für die Durchführung von Online-Feedbacks lassen sich Tools wie Mentimeter nutzen, das den Teilnehmern die Möglichkeit bietet, virtuell und anonym Rückmeldung in Echtzeit zu geben. Wichtig zu wissen: Je größer das Unternehmen, in dem eine Inhouse-Schulung durchgeführt wird, desto größer die Wahrscheinlichkeit, dass interne Feedback-bögen zum Einsatz kommen. Stelle in diesem Fall sicher, dass die Teilnehmer keinen zweiten Bogen von dir erhalten. Das hat mehrere Gründe: Zum Zeitpunkt des Feedbacks ist es schon spät und der Teilnehmer ist nicht erfreut, wenn er gleich zwei Bögen ausfüllen soll, bevor er endlich gehen kann. Meist wird dann einer der Bögen nur stiefmütterlich bearbeitet. Entsprechend hat dieser keine Aus-sagekraft, verfälscht sogar das Gesamtbild. Der Teilnehmer ist auf-grund der schlechten Organisation genervt, sodass es zudem zu einer schlechteren Bewertung kommen kann. Stelle in jedem Fall sicher, dass dir die Ergebnisse des Inhouse-Feedbacks zur Verfü-gung gestellt werden. Das ist für die Personalabteilung i. d. R. in Ordnung, bedarf aber meist nicht nur der Nachfrage, sondern auch der Erinnerung, weil dein Wunsch sonst im Unternehmensalltag un-tergeht.

Übrigens: Mündliches Feedback fällt mit Abstand am positivsten aus, weil es unmittelbar am Ende eines Trainings stattfindet und das Prinzip der sozialen Erwünschtheit greift. An zweiter Stelle steht das schriftliche Feedback. Es fällt ebenfalls recht positiv aus, weil am Ende des Trainings immer noch alle euphorisiert sind. Möchtest du kritisches Feedback einholen, solltest du sicherstellen, dass die Befragung anonymisiert durchgeführt wird. Noch besser ist es, wenn du ein bis zwei Wochen wartest, bevor du die Teilnehmer bittest, einen Online-Fragebogen auszufüllen. Das Ergebnis hieraus ist oft deutlich kritischer, weil die Teilnehmer wieder in ihren Alltag zurückgekehrt sind und bereits ausprobiert haben, welche Trainingsinhalte sich tatsächlich in der Praxis anwenden lassen. So ein Feedback tut manchmal etwas weh. Aber erst dieses Vorgehen ermöglicht dir, festzustellen, was in deinem Training wirklich gut bzw. nicht gut funktioniert. Sagen Teilnehmer mit dem nötigen Abstand und anonym immer noch vermehrt, dass eine Methode genial ist, dann kannst du dich auf diese Aussage verlassen.

2.1 Vier Stufen des Lernens zeigen Relevanz von Feedback

Feedback ermöglicht Wachstum. Die Relevanz des Feedbacks ergibt sich aus den vier Stufen des Lernens bzw. der Kompetenzentwicklung. Ein Trainer macht manches gut. Anderes macht er schlecht, weiß das aber nicht. Er hat einen sogenannten blinden Fleck. Ein Beispiel: Er hat immer die Hände in den Hosentaschen. Das ist die unterste Stufe des Lernens, die unbewusste Inkompetenz. Der Trainer macht also Dinge falsch, weil er sie nicht bemerkt. Durch das Feedback, das er sich einholt, wird er auf sein Verhalten aufmerksam, d. h. die unbewusste Inkompetenz wird zur bewussten Inkompetenz. Er hat zwar immer noch die Hände in den Hosentaschen, jetzt ist er sich dessen jedoch bewusst. Die Stufe der bewussten Inkompetenz eröffnet ihm die Möglichkeit, etwas an seinem Verhalten zu ändern. Genau deshalb ist die Offenheit für Feedback so wichtig: Sie bringt den Trainer auf die Stufe der bewussten Inkompetenz. Im nächsten Schritt kann der Trainer nun an sich arbeiten und üben, die Hände aus den Hosentaschen zu nehmen. So erreicht er die Stufe der bewussten Kompetenz, d. h. er führt das gewünschte Verhalten richtig aus, aber es ist anstrengend, denn er muss immer wieder bewusst seinen Fokus darauf lenken, um es nicht zu vergessen. Bleibt er dennoch eine ganze Weile am Ball, dann kommt er auf die höchste Stufe des Lernens, die unbewusste Kompetenz. Auf dieser Stufe hat er sich das gewünschte Verhalten angewöhnt und verwendet keine Energie mehr darauf, es richtig zu machen. Es ist zur Routine geworden. Ziel eines jeden Trainers ist, immer wieder die höchste Stufe des Lernens zu erreichen. Dies gelingt ihm durch regelmäßiges Feedback. Jenes wiederum erfordert, dass er offen ist für Rückmeldung, um immer wieder einen neuen Lernprozess einzuleiten.

2.2 Möglichkeiten zum Einholen von Feedback

Die Frage ist also, wie es dir gelingt, möglichst viel Feedback einzuholen. Die naheliegende Antwort ist: Viel Praxis. Je mehr Trainings du ausrichtest, desto mehr Feedback bekommst du. Manchmal kann es sinnvoll sein, einen etwas schlechter bezahlten Auftrag anzunehmen – mit dem Ziel, Rückmeldung zu erhalten. Eine weitere Möglichkeit stellt die Teilnahme an Rednerevents wie dem European Speaker Award dar. Hier kannst du dich mit anderen Rednern messen und dich mit Unternehmensvertretern austauschen.

Voraussetzung ist, dass es vor Ort auch tatsächlich eine Feedbackrunde gibt. Ferner besteht die Möglichkeit, dass du deine Performanz auf Video aufzeichnest und sie im Nachgang anschaust. Dabei fallen dir höchstwahrscheinlich Verhaltensweisen und Phrasen auf, die dir während deines Vortrags nicht bewusst waren. Du gehst gerne all in? Veröffentliche dein Video auf YouTube! Hier bewegen sich sehr kritische Zuschauer. Das Feedback ist authentisch, ehrlich und enthält oft wirklich gute Hinweise. Sogar bei einem Video mit Tausenden Likes bleiben kritische Bemerkungen nie aus.

2.3 DDR-Regel zum Signalisieren von Offenheit für Feedback

Das Vorhandensein bzw. Fehlen von Offenheit für Feedback zeigt sich in der Körpersprache eines Trainers. Viele Trainer sprechen weiter, während sie sich von ihren Teilnehmern abwenden, z. B. um auf dem Flipchart auf etwas zu deuten, und signalisieren damit das Fehlen von Offenheit. Die **DDR-Regel** hilft dir als Trainer, daran zu denken, Offenheit über die Körpersprache zu signalisieren. Das Akronym steht für **D**euten, **D**rehen, **R**eden und erinnert dich daran, dass du immer nur dann redest, wenn du Blickkontakt zu deinen Teilnehmern hast und schweigst, wenn du dich wegdrehst. Gefällt dir die Abkürzung DDR nicht, kannst du die englische Version **TTT** für **T**ouch, **T**urn, **T**alk verwenden. Touch: Du zeigst etwas. Turn: Du drehst dich wieder zu deinen Teilnehmern. Talk: Du sprichst wieder. Während du redest, zeigen deine Fußspitzen immer zum Publikum. Außerdem solltest du darauf achten, dass du beim Deuten bzw. Touch die Handinnenflächen für das Publikum sichtbar machst. Während die Handoberfläche als Verbergungsgeste gedeutet wird, weil sie normalerweise sichtbar ist, wenn etwas versteckt wird, signalisiert die erkennbare Handinnenfläche eine Geste des Unbewaffnetseins. Auf diese Weise unterstreichst du mit deiner Körpersprache, dass du offen für dein Publikum bist und dich für die Menschen im Raum interessierst.

3. Partizipation

»Life doesn't just happen – it requires our participation! – Leben geschieht nicht einfach, es entsteht erst durch unsere Mitwirkung!«

Partizipation meint, Veranstaltungen interaktiv zu gestalten, d. h. das Publikum aktiv einzubinden. Das gilt nicht nur für Trainings, sondern auch für Vorträge. Hierfür eignet sich die Format-Methode in Kombination mit Gamification. Beides stelle ich im Folgenden vor.

3.1 4MAT-System

Das **4MAT-System** bietet eine Struktur für die Gestaltung von Trainings und Vorträgen. Im Grunde genommen geht es darum, jede Veranstaltung so zu gestalten, dass vier Felder abgedeckt sind: Warum, Was, Wie und Wozu.

Im Warum-Quadranten geht es darum, die Aufmerksamkeit der Teilnehmer zu erhalten. Zeige daher auf, warum das Thema wichtig für sie ist, also welche Bedeutung es für sie hat. Das ist das „What's in it for me?" im Sinne der Motivation. Eine Formulierung könnte sein: „Ihr habt vielleicht auch den Wunsch finanziell unabhängig zu sein."

Im Was-Quadranten tritt der Trainer als Experte auf und liefert Content. Diesen kannst du z. B. so einleiten: „Damit euch das gelingt, habe ich euch heute die OPAL-Methode mitgebracht. Die habe ich selbst entwickelt und sie erlaubt euch, gute Verkaufsgespräche zu führen."

Beim Wie-Quadranten geht es darum, dass die Teilnehmer das Gehörte, in einer Übungssequenz ausprobieren und Erfahrungen sammeln. Hierfür eignen sich z. B. Rollenspiele. Eine mögliche Formulierung könnte sein: „Nun habe ich euch das gezeigt. Geht mal zu dritt zusammen. Wir machen jetzt Rollenspiele. Einer aus der Gruppe ist immer der Verkäufer, der die OPAL-Methode anwendet, einer ist der potenzielle Kunde, der Dritte ist Beobachter und gibt dann Rückmeldung an den Verkäufer, der die OPAL-Methode anwendet. Wir treffen uns hier wieder in einer Dreiviertelstunde. Los geht's." Die Leute schwärmen daraufhin aus, machen Rollenspiele und geben sich gegenseitig Rückmeldungen. Wichtig ist hier, dass es eine konkrete Angabe zur Dauer der Übung gibt und ein Kommando zum Start sowie zum Ende.

Beim Wozu-Quadranten geht es darum, den Transfer von der Übungssequenz in den Alltag zu ermöglichen. Hierfür eignet sich eine Formulierung wie: „Gut, jetzt ist es 16 Uhr. Wir haben noch eine Stunde Zeit. Um 17 Uhr ist das Training zu Ende. Ich würde jetzt gerne sammeln, wozu ihr das braucht, was ihr gelernt habt. Was sind Situationen in eurem echten Leben, in denen ihr das Gelernte einsetzen möchtet? Könnt ihr einfach mal Beispiele sammeln? Jeder schreibt drei Sachen auf Moderationskarten und pinnt die dann hier vorne an."

Das 4MAT-System bietet also eine Struktur, mit der sich jedes Training und jede Veranstaltung gestalten lässt. Bei Keynotes mit größerem Publikum braucht es natürlich ein paar Anpassungen in den Formulierungen oder in der Umsetzung, aber die Struktur bleibt immer dieselbe. So kannst du die Interaktion durch eine Aufforderung gestalten: „Hebt doch bitte alle mal die Hand, wenn ihr auch den Wunsch habt, finanziell unabhängig zu sein."

Die Warum- und Was-Quadranten kannst du bei Bedarf im Sinne von Skalierungseffekten auslagern, d. h. du zeichnest das Warum und das Was auf Video auf und machst beides online zugänglich. Das, was ein Training ausmacht, ist die Partizipation, die über den Wie- und Wozu-Quadranten erfolgt. Hier braucht es das Live-Training, bevorzugt im Face-to-Face. Zwar können auch der Wie- und Wozu-Quadrant technisch gesehen in so genannten Breakout Rooms im Online-Format live durchgeführt werden, doch zeigen meine bisherigen Erfahrungen und Rückmeldungen, dass die Teilnehmer die Interaktion im Face-to-Face bevorzugen. In jedem Fall gilt: Richte als Trainer ein besonderes Augenmerk auf die Interaktion.

3.2 Gamification

Von Gamification wird gesprochen, wenn Elemente des Spiels in eine spielfremde Umgebung übertragen werden. Sie ermöglichen Interaktion, Emotion und Stimmung. Im Kontext des Wozu-Quadranten eignet sich vor allem der Einsatz von Echtzeit-Tools wie dem bereits erwähnten Mentimeter. Es lässt sich nicht nur für Feedbacks nutzen, sondern eignet sich darüber hinaus für die

Durchführung eines Quiz. Bleiben wir beim aufgeführten Beispiel, kannst du nach der Vorstellung der OPAL-Methode mit Hilfe des Tools prüfen, welche Informationen bei den Teilnehmern angekommen sind: „Gut, mal schauen, wie gut ihr bisher zugehört habt. Jetzt kommt ein Quiz." Nun haben die Teilnehmer die Möglichkeit, über ihr Smartphone für sie vorbereitete Fragen zu beantworten. Die Formulierung „Wofür steht das O bei OPAL?", ermöglicht Multiple-Choice-Antworten. Eine Texteingabe ist auch denkbar: „Das P in OPAL steht für ...?" Mentimeter erkennt, ob das eingegebene Wort richtig ist. Es zählen jedoch nicht nur richtige Antworten, sondern auch die Reaktionsgeschwindigkeit. Geben mehrere Personen die gleiche Antwort, wird der Schnellste entsprechend mit Punkten belohnt. So lässt sich am Ende ein Sieger ermitteln, der einen Preis wie z. B. ein Buch, eine Freikarte für ein Event o. Ä. erhält. Es entsteht ein virtueller Wettbewerb, der für Stimmung sorgt und die Teilnehmer bei Laune hält. Statt mit PowerPoint-Präsentationen erschlagen zu werden und Opfer des Vortrags zu sein, bringen sich die Teilnehmer aktiv ein, priorisieren Themen, äußern Wünsche und nehmen Einfluss auf den Verlauf der Veranstaltung.

4. Agilität

»Insanity is to do the same thing over and over again but expect different results. – Wahnsinn ist, immer wieder das Gleiche zu tun, aber unterschiedliche Ergebnisse zu erwarten.« - Albert Einstein

Agilität bedeutet, die Flexibilität mitzubringen, neue Dinge auszuprobieren, zu testen und zu experimentieren. Die Umwelt verändert sich ständig und es ist wichtig und richtig, darauf zu reagieren. Das gelingt aber nicht allen Menschen gleichermaßen. Nehmen wir die Corona-Krise als aktuelles Beispiel: Die Situation ist erst mal für alle gleich. Der Umgang damit ist unterschiedlich. Während etwa die Hälfte aller Trainer resignieren und aufhören zu arbeiten, weil sie denken, dass sie keine Trainings mehr durchführen können, stellt sich die andere Hälfte auf die neue Situation ein, modifiziert das eigene Angebotsportfolio und realisiert virtuelle Trainings. Dieses Beispiel veranschaulicht die Relevanz von Agilität für Trainer.

4.1 Übung auf unterschiedlichen Spielfeldern

Agilität ist facettenreich und bedeutet, dass du dich auf eine große Bandbreite einstellst. Hierzu gehört z. B., dein Angebot zu adaptieren auf diverse Sektoren (z. B. Profit- und Non-Profit-Organisationen), verschiedene Branchen (z. B. Automobil oder Dienstleistungen), variable Unternehmensgrößen (z. B. Großkonzern, mittelständische Unternehmen), unterschiedliche Ebenen (z. B. Geschäftsführer- und Führungskräfteebenen), diverse Berufe (z. B. Sportler, Lehrer, Berater), Sprachen und kulturelle Merkmale. Von jeder Zielgruppe lernst du etwas über dich selbst und darüber, was funktioniert bzw. nicht funktioniert. Je stärker du dich exponierst, desto mehr lernst du. Es geht darum, deine Komfortzone immer wieder zu verlassen, um das Schwimmen in allen möglichen Umwelten und Klimazonen zu lernen, ohne dabei unterzugehen. Außerdem ist ein Ziel, verschiedene Formate wie das Eins-zu-Eins und virtuelle Trainings oder auch die Kombination aus beidem einzuüben sowie deinen eigenen Content in unterschiedliche Zeitfenster zu packen, d. h. ein Zwei-Tages-Training auf einen Zehnminutenvortrag zu kürzen und umgekehrt. Es empfiehlt sich also, nicht nur Coach, Trainer oder Speaker zu sein, sondern dich selbst herauszufordern und zu lernen, dich auf unterschiedlichen Spielfeldern zu bewegen. Über die Zeit führt das zu Gelassenheit und Souveränität, denn ab einem bestimmten Punkt hast du schon so vieles gemacht und erlebt, dass dich kaum noch etwas schocken kann. Führst du Events in verschiedenen Sprachen durch, erweitert sich zudem dein Wortschatz in deiner Muttersprache, weil du insgesamt sensibler mit Sprache umgehst.

4.2 Rollen-Modell in Anlehnung an Satir-Kategorien

Wie eingangs erwähnt, setzt Agilität voraus, dass Flexibilität vorhanden ist, damit du angemessen auf sich verändernde Umweltbedingen regieren kannst. Ohne Flexibilität keine Agilität. Flexibilität wiederum gelingt nur dann, wenn du in verschiedene Rollen schlüpfen kannst. Dieser Rollenswitch bezieht sich in erster Linie auf die Formate Coaching, Training und Speaking. Autor sein ist im Übrigen auch eine solche Rolle, die sehr zu empfehlen ist, da es einen großen Unterschied macht, dich im Zusammenhang eines schriftlichen

Werks mit deinem Content auseinanderzusetzen, statt dich mündlich zu äußern. Als Buchautor verarbeitest du deinen Content ganz anders und ermöglichst dir so, ein noch besserer Coach, Trainer und Speaker zu sein. Darüber hinaus gibt es vier weitere Rollen, die du brauchst. Auch zwischen diesen solltest du innerhalb eines Formats flexibel hin und her switchen. Hierfür eignet sich ein Rollen-Modell, das mein Team und ich entwickelt haben, angelehnt an die Satir-Kategorien von Virginia Satir, mit diversen Modifikationen für den speziellen Fall. Es gilt ausschließlich für Trainer und Speaker und folglich nur für die Formate Training und Speaking.

In der Experten-Rolle ist das Ziel die Inhaltsvermittlung. Du als Experte greifst auf Inhalte und Modelle zurück, um sie zu erklären. Mit dieser Rolle hat in Deutschland kaum jemand ein Problem. Ganz im Gegenteil, viele denken, dass es die Aufgabe des Experten ist, ausschließlich seine Inhalte wiederzugeben. In Bezug auf die bereits genannten Quadranten benötigst du diese Rolle meist für den Was-Quadranten, um Zahlen, Daten und Fakten vorzustellen.

In der Rolle des Entertainers geht es um Unterhaltung, Humor, Witz und die Vermittlung eines positiven Gefühls. Ziel ist, den Faktor Spaß in die Veranstaltung einzubringen. Aus der Kombination von Experte und Entertainer entsteht Infotainment. Genau das wollen die Menschen. Du brauchst ein Gespür dafür, was gerade im Raum passiert und eine gewisse Spontanität, um z. B. Situationskomik für dich zu nutzen. Die Rolle des Entertainers brauchst du vor allem im Warum-Quadranten, um die Leute abzuholen und eine gute Beziehung aufzubauen.

Der Motivator leitet eine Verhaltensänderung ein und kommt vor allem im Zusammenhang mit dem Wie-Quadranten zum Einsatz. Er ist sehr strikt, tritt autoritär auf und bringt die Teilnehmer dazu, eine Übung zu machen. Folglich ist er eher laut und daher vergleichbar mit einem Drill Instructor. Genau diese Rolle brauchst du, um Rollenspiele oder Übungen anzumoderieren.

Der Moderator eignet sich für den Wozu-Quadranten. Er zeichnet sich dadurch aus, dass er überhaupt keinen eigenen Content bringt, sondern das Publikum so anleitet, dass die Teilnehmer den Content aus sich selbst heraus entwickeln. Ziel ist, die Teilnehmer zu aktivieren und sie zu Protagonisten zu machen.

Das Rollen-Modell ist agil, sofern du es nicht technokratisch verstehst und anwendest, sondern je nach Kontext einen flexiblen Rollenswitch vornimmst. Abgesehen vom Rollenwechsel können je nach Situation Kombinationen aus verschiedenen Rollen sinnvoll sein. So entsteht z. B. aus der Kombination der Rollen „Experte" und „Motivator" ein motivierender Experte. Hier kommt es jeweils auf die Gewichtung der kombinierten Rollen an.

Fazit: NOPA stellt eine Erfolgsstrategie dar. Sie ist für alle Menschen gleichermaßen relevant, die sich in ähnlichen Settings bewegen wie Trainer und Speaker. Wichtig ist, sinnvolle Netzwerke zu identifizieren – sie sollten nicht nur aus Kollegen, sondern auch aus potenziellen Kunden bestehen. Es braucht Offenheit für regelmäßige und gezielte Rückmeldungen – schriftlich und mündlich. Damit Partizipation gelingt, braucht es die maximale Aktivierung von Teilnehmern. Agilität entsteht durch das Annehmen verschiedener Trainerrollen.

DR. MARTIN EMRICH

Über den Autor

Dr. Martin Emrich[7] ist Jahrgang 1974 und promovierter Diplom-Psychologe. 2019 wurde er in Johannesburg, Südafrika, für seine Präsentation des NOPA-Prinzips mit dem African Speaker Award ausgezeichnet. Als Autor hat er bereits über 50 Bücher und Zeitschriftenartikel publiziert. Martin ist durch die International Coaching Association (ICA) akkreditierter Systemischer Business Coach und Certified Business Trainer nach EN ISO/IEC 17024. Er arbeitet weltweit und in fünf Sprachen als Keynote-Speaker, Executive Coach und Trainer, hauptsächlich zu den Themen „Führung" und „Organisationsentwicklung". Er ist Gründer und Veranstalter des European Speaker Awards. Martin hat drei Kinder und lebt in Stuttgart.

Motto: »Improving people! Inspiring thousands!«

---

[7] www.emrich-consulting.de

Markus Björn Günther

Erfolgreich durch Innovation – ökonomische Automatisierung in der Suchmaschinenoptimierung für Google

Jeder erfolgreiche Unternehmer weiß, wie wichtig Durchhaltevermögen für den Unternehmenserfolg ist. Auf dem Weg dorthin braucht es eine gewisse Verbissenheit, am eigenen Plan A festzuhalten und vor allem die Bereitschaft, mit 101 % in diesen Plan zu investieren – selbst bei Rückschlägen. Gerade dann gilt es, innezuhalten und Achtsamkeit zu üben, denn mit etwas Abstand wird es wieder möglich, aus der Metaebene – entweder selbstständig oder bei Bedarf auch mit externer Unterstützung – Schwachstellen am Konzept bzw. im Prozess zu erkennen. Es geht darum, immer wieder verschiedene Hebel zur Optimierung zu betätigen, um das Potenzial stetig weiter auszubauen. Da Veränderung stets eine weitere Veränderung nach sich zieht, gilt es anzunehmen, dass es sich hierbei um einen wiederkehrenden Prozess handelt: Unabhängig vom Grad deines Erfolgs ist es zwingend erforderlich, dich den Veränderungen des Marktes anzupassen, indem du dich und dein Unternehmen fortlaufend analysierst und entwickelst, darauffolgende Veränderungen wieder adaptierst, dich und dein Unternehmen anpasst und wieder weiterentwickelst. Es ist also ein niemals endender Marathon, für den du die nötige Puste und das Durchhaltevermögen benötigst, wenn du langfristig, nachhaltig und erfolgreich am Markt Stellenwert besitzen willst.

Damit dir diese überlebenswichtige Puste auf dem Weg zum Unternehmenserfolg nicht ausgeht, ist es unabdingbar, dass du in allen

Belangen ökonomisch agierst, um über ausreichend Ressourcen zu verfügen. Verlässt du die Metaebene und steigst in ein Hamsterrad ein, verlierst du die Kontrolle, sobald du unerwarteten Ereignissen gegenüberstehst – und zwar unabhängig davon, ob es sich hierbei um positive oder negative handelt. Du verfügst z. B. nicht mehr über die nötige Achtsamkeit, um bei Terminen von Gesprächspartnern nicht über den Tisch gezogen zu werden. Im schlimmsten Fall fährst du einen riesigen Verlust ein, der deinen Traum zum Platzen bringt. Auch unerwartete positive Lebensereignisse wie ungeplanter Nachwuchs oder negative wie ein Todesfall können dich dazu zwingen, von deinem Plan A abzuweichen. In solchen Fällen brauchst du einen Plan B, der nicht völlig von Plan A abweicht, sondern diesen im Sinne von Lückenmanagement ergänzt. So gelingt es dir, zielführend zu reagieren und adäquat mit unerwarteten neuen Situationen umzugehen, ohne dass sie das Aus für dich und dein Unternehmen bedeuten.

Und genau an diesem Punkt wird die Relevanz des Online Marketings für deinen Unternehmenserfolg deutlich. Es braucht einen sinnvollen Aufbau an Ressourcen – und zwar noch bevor unerwartete Ereignisse ein Risiko für dich und dein Unternehmen darstellen. Ein Unternehmen, das im Internet nicht sichtbar ist, lebt gezwungenermaßen von Mund-zu-Mund-Propaganda. Über die Empfehlung als einzigen Vertriebskanal lassen sich jedoch meist nicht ausreichende und vor allem keine alternativen Ressourcen aufbauen. Auch dann, wenn das Unternehmen neu gegründet worden ist oder wenn es mehr Kundenaufträge benötigt, ist es unabdingbar, Sichtbarkeit im Internet zu erzeugen. In allen Fällen reicht eine einfache

Webseite nicht aus, da es zu viele Mitbewerber gibt, die schon länger auf dem Markt und/oder in Bezug auf Sichtbarkeit im Internet besser optimiert sind. Es ist erforderlich, dass das Unternehmen auf sich aufmerksam macht. Das ist nur möglich, wenn es den Bedarf der Menschen kennt, sich selbst in die Bedarfsabfrage einreiht und darauf angepasst mittels Sichtbarkeit eine Verfügbarkeit erzeugt. Diese Sichtbarkeit, gepaart mit einer gewissen Ökonomie, ist maßgeblich für ein exponentielles Unternehmenswachstum. Beides versetzt Unternehmen in die Lage, sich selbst einen Stellenwert auf dem Markt zu erschaffen und neue Kunden zu generieren.

Es gibt vielfältige Online Marketing-Aktivitäten, mit deren Hilfe es möglich wird, Sichtbarkeit im Internet zu erzeugen. Keine von ihnen lässt sich grundsätzlich als gut oder schlecht bewerten. In der Einzelfallbetrachtung entscheidet sich, welche Maßnahme unter Berücksichtigung diverser Faktoren wie z. B. Budget, Zeit und Zweck sinnvoll ist, ausgewählt und umgesetzt wird.

Nachfolgend ein Beispiel, das die Relevanz der Einzelfallbetrachtung und damit einhergehend die Komplexität der Auswahl einer passenden Online Marketing-Aktivität veranschaulicht: Ein Fliesenleger kann neue Kunden über einen Aufhänger vor seiner Ladentür, aber auch über die Google-Auffindbarkeit gewinnen. Nur selten gelingt ihm die Kundenakquise über Social Advertising in Form von Facebook Ads, insofern wäre das Schalten von Werbung auf Facebook verbranntes Geld. Um gewisse technische Signale für Google zu schaffen, sind einfache Beiträge und Querverlinkungen auf Facebook dennoch sinnvoll.

Ein Friseur hingegen hätte über Facebook und Instagram mit Hilfe von Ads-Kampagnen und Video-Marketing deutlich mehr Chancen, qualifizierte Kontakte zu generieren, da seine Zielgruppe diese Plattformen eher nutzt. Aus ökonomischen Gründen empfiehlt es sich auch für ihn, nicht zu viel Werbung zu schalten. Er sollte ebenfalls vermehrt auf organische Suchverhältnisse in Form von einfachen Beiträgen setzen. Insgesamt betrachtet handelt es sich je nach Einzelfall um ein optimiertes Zusammenspiel von Maßnahmen, bei dem verschiedene Online Marketing-Aktivitäten je nach Bedarf mit unterschiedlich hohem Anteil in die Sichtbarkeitsarbeit einfließen. Ein Patentrezept für mehr Sichtbarkeit existiert nicht.

Unabhängig davon, welche Maßnahmen für dich im Einzelfall geeignet sind, solltest du die verschiedenen Google-Grundsätze verstehen, um die bestmögliche Wirkung ausgewählter Maßnahmen zu erzielen. In diesem Beitrag gehe ich auf die Search Engine Optimization (SEO) ein, um dir einerseits relevante Zusammenhänge eines kraftvollen Online Marketing-Tools aufzuzeigen und andererseits erste hilfreiche Tipps und Tricks an die Hand zu geben, die du selbst umsetzen kannst. Wer SEO-Zusammenhänge vom Grundsatz her versteht, ist in der Lage, Einzelmaßnahmen zum optimierten Zusammenspiel zu bringen. Metaphorisch ausgedrückt, pflanzen wir einen Samen auf blanken Asphalt und lassen ihn wachsen. Wir bedienen uns einer planbaren Zauberkunst, die mit etwas Anlauf, Zeit und Strategie zum Erfolg führt. Erfolg hat also nichts mit Glück zu tun – er lässt sich erlernen, planen und skalieren.

1. Möglichkeiten des Suchmaschinenmarketings (SEM) über Google

Es gibt verschiedene Möglichkeiten, bei Google Sichtbarkeit zu erzeugen. Hierzu zählen die Suchmaschinenwerbung mit AdWords (SEA) und Search Engine Optimization (SEO).

a) Adwords – Search Engine Advertising (SEA)

Bei dieser Möglichkeit wird Google ein gewisser Preis für Werbeanzeigen gezahlt, um über bestimmte Suchbegriffe gefunden zu werden. In Abhängigkeit davon, wie viel Werbebudget zur Verfügung steht, werden Häufigkeit und Positionierung der Anzeigen bestimmt. Die Preisgestaltung ist vergleichbar mit einer Auktion: Je mehr Bieter bzw. Mitbewerber, desto teurer das Produkt bzw. Keyword. Durch die Einschränkungen von Google auf stark begrenzte Bereiche der Suchergebnisseite – Search Engine Result Page (SERP) – kann dies zu einem sehr umkämpften und vor allem kostspieligen Unterfangen werden.

b) Organische Suchmaschinenotimierung – Search Engine Optimization (SEO)

Bei dieser Möglichkeit wird technisch über Programmierarbeiten ein organisches Suchverhältnis in den SERPs geschaffen. Ergebnisse werden nicht auf dem extrem begrenzten Platz der AdWords gelistet, sondern auf einer wesentlich größeren Fläche. Mit gut optimierten und richtig platzierten Keywords ist eine mehrfache Platzierung mit derselben Domain, jedoch unterschiedlichen Unterseiten (URLs) in den SERPs möglich. Die Sichtbarkeit wird dabei über einen überschaubaren ökonomischen Optimierungsprozess erzeugt, ohne dass das Unternehmen unnötig monetäre Ressourcen verbrennt. Zielgruppen finden das Unternehmen im Internet über die Suche nach Dienstleitungen oder Produkten, ohne es vorher gekannt zu haben.

2. SEO – Onpage- und Offpage-Optimierungen

SEO lässt sich zudem in Onpage- und Offpage-Optimierung unterscheiden. Lass mich zunächst kurz erläutern, was Onpage und Offpage bedeuten:

a) Offpage

Offpage betrifft alle SEO-Aktivitäten, die außerhalb der Webseite, aber bezogen auf die Webseite durchgeführt werden. Stell dir vor, du hast offline einen Laden. Nehmen wir an, ein potenzieller Interessent steht auf der Straße und sieht im Vorbeilaufen drei Läden nebeneinander. Einer dieser Läden ist deiner und du hast neu aufgemacht. Der Passant kennt das neue Geschäft noch nicht und hat daher auch noch kein Vertrauen aufgebaut. Er holt sich zunächst Informationen bei den Nachbargeschäften ein, die er bereits kennt und denen er vertraut, weil er zuvor positive Erfahrungen mit ihnen gemacht hat. Wenn der Nachbar sich für den neuen Laden und seine Dienste ausspricht, entspricht dies einem Vertrauensvotum, das beim Passanten ein gutes Gefühl erzeugt. Er vertraut dem Nachbarn, also auch seiner Einschätzung, und ist dadurch bereit, in deinen neuen Laden zu gehen, um sich dort umzuschauen.

b) Onpage

In deinem Laden selbst kannst du dann präsentieren, was du willst und wie du es möchtest, solange der Inhalt auf die Kunden abgestimmt ist, die als Zielgruppe des Unternehmens definiert worden sind. Die Präsentation im Laden entspricht dann deiner Unternehmenswebseite. Alle Aktivitäten in diesem Zusammenhang entsprechen der Onpage-Optimierung.

Nun ist die Unterscheidung zwischen Onpage und Offpage klar: Alle Onpage-Aktivitäten betreffen deine Webseite, die du optimieren kannst, wie du willst. Alle Aktivitäten, die auf dein Glaubwürdigkeitskonto einzahlen, zählen zur Offpage-Optimierung, weil sie nicht auf, sondern für deine Seite durchgeführt werden. Der Kunde, der dich noch nicht kennt und vor deiner Tür steht, braucht Vertrauen. Dieses Vertrauen bekommt der Kunde, indem du deine Glaubwürdigkeit über Empfehlungen stärkst. Eine Form der Empfehlung sind Verlinkungen von benachbarten Seiten, sogenannte Backlinks. Technisch gesehen stellen sie eine Art Empfehlungsschreiben dar. Weitere Backlinks kannst du u. a. aufbauen in Form von Einträgen in Branchenbüchern, Foren und in den Sozialen Medien. Relevant sind alle Seiten, die technisch gesehen aus der Perspektive von Google selbst Prestige besitzen, einen hohen Wert haben und auf dich verweisen. Das Vertrauen, auch Trust genannt, das durch deine erhöhte Glaubwürdigkeit entsteht, wird als Domain Authority oder Page Authority bezeichnet. Je nachdem, wie ausgeprägt deine Domain Authority ist, wird deine Webpräsenz besser oder schlechter bei Google indexiert. Nachdem du deine Glaubwürdigkeit hergestellt hast, kannst du im nächsten Schritt eine Onpage-Optimierung durchführen, um Google zu signalisieren, worum es auf deiner Unternehmensseite geht.

Sowohl bei der Onpage-Optimierung als auch bei der Offpage-Optimierung solltest du diverse Aspekte berücksichtigen, andernfalls kann es zu unerwünschten „Nebenwirkungen" kommen. Der Begriff Optimierung suggeriert, dass etwas besser gemacht wird. In Wirklichkeit kannst du durch laienhaften Aktionismus einiges beschädigen oder deine Sichtbarkeit völlig zerstören.

2.1 Vier der relevantesten Faktoren für mehr Sichtbarkeit auf Google

Es gibt zahlreiche Faktoren, die Einfluss auf deine Sichtbarkeit als Unternehmen im Internet haben. Die vier wichtigsten Faktoren, auf die Google Wert legt, sind:

a) Qualitativ hochwertige Inhalte

Google legt Wert auf qualitativ hochwertige Inhalte (Content is king.) Die Hochwertigkeit wird u. a. daran gemessen, wie lange ein Nutzer auf einer Webseite bleibt, also an der Verweildauer. Die Schreibweise des Inhalts spielt ebenfalls eine Rolle. Google erkennt z. B. einfach geschriebene Texte im Unterschied zu Fachliteratur.

b) Aktuelle Inhalte

Regelmäßig aktualisierte Inhalte auf der Webseite sind für Google ein Indiz dafür, dass die Seite gepflegt wird. Dadurch sinkt für

Google das Risiko, einen Nutzer auf eine Seite mit veralteten Informationen, also ohne Mehrwert, zu lotsen.

c) Saubere Reputation

Google mag keine Toxizität, also z. B. Spam, bezahlte Empfehlungen oder Ähnliches. Toxizität wird durch Google-Algorithmen schnell erkannt und abgemahnt. Im schlimmsten Fall wird eine Domain aus dem Index entfernt, sodass sie in der Google-Suchmaschine nicht mehr existiert.

d) Verweildauer, Schnelligkeit, Nutzerfreundlichkeit

Ähnlich wie bei einem Offline-Ladengeschäft gilt: Findet der Nutzer das Gesuchte auf der Webseite? Wie schnell findet er, wonach er sucht? Und wie lange bleibt der Nutzer auf der Seite, weil ihm gefällt, was er findet?

Die obigen Ausführungen veranschaulichen, wie wenig zielführend es ist, Maßnahmen einmalig und/oder losgelöst voneinander aufzusetzen. Erst eine kontinuierliche SEO-Optimierung, bei der Onpage- und Offpage-Aktivitäten sinnvoll in Einklang gebracht werden, liefert nachhaltige Ergebnisse. Es gilt also, auf Basis einer ganz individuellen Rezeptur ein Gesamtbild zu entwickeln, ein sogenanntes Profiling zu gestalten. Dafür braucht es Know-how, Erfahrung, Zeit und die richtigen Werkzeuge. Im Anschluss an das Profiling wird ein sukzessiver Ausbau der Aktivitäten im Sinne eines kontinuierlichen Prozessmanagements möglich.

Aufgrund der Komplexität des Themas ist es nicht nur sinnvoll, sondern zwingend erforderlich, früher oder später externe Unterstützung hinzuzuziehen, insbesondere dann, wenn SEO deinem Unternehmen nachhaltig und erfolgversprechend zugutekommen soll. Dabei gibt es durchaus Aspekte, die du im ersten Schritt beachten und bis zu einem gewissen Grad selbst umsetzen kannst – am besten unter Anleitung. Hierauf gehe ich im Folgenden ein.

2.2 Tipps und Tricks für eine Optimierung in Eigenregie

a) Klar und kurz formulierte Überschriften

Die Überschriften werden im HTML5 nach H1 bis H6 differenziert. H1 und H2 sind überlebenswichtig, während H5 und H6 keine große Relevanz haben. Ohne klare H1- und H2-Überschriften kann Google nicht erkennen, worum es auf deiner Webseite geht, sodass eine optimale Indexierung deiner Seite unmöglich ist. Bei der H1-Überschrift handelt es sich um die erste Überschrift auf der Seite, bei der eine HTML5-Kennung als Einleitungstag verwendet wird. Eine H1-Überschrift wie „Herzlich willkommen" ist nicht zielführend, da sie nicht erkennen lässt, worum es auf der Seite geht. Das ist aber wichtig, weil Google den Text aus der Überschrift sonst nicht korrekt zuweisen kann. Bietest du z. B. Dachdeckerarbeiten in Mainz an, sollten die Begriffe „Dachdecker" und „Mainz" in deiner H1-Überschrift enthalten sein. Eine klar und kurz formulierte Überschrift könnte lauten: „Ihr Dachdecker in Mainz und Umgebung".

b) Textlastige Konzeptionierung der Seiten

Eine eher textlastige Konzeptionierung der Seite ist wichtig. Dabei sollte sich der Text zu einem gewissen prozentualen Anteil auf das von dir zu verkaufende Produkt beziehen bzw. auf die Dienstleistung, die du auf deiner Seite anbietest.

c) Alternativbeschreibungen zu Bildern (alt description)

Die mobile Ansicht ist die wichtigste, weshalb von „mobile first" gesprochen wird. Du solltest alle Bilder, die du auf deiner Seite hochlädst, mit einer Alternativbeschreibung, kurz Alt-Text, versehen (engl. alt description), denn wenn dein potenzieller Kunde unterwegs schlechtes Netz hat, werden manche Bilder auf der Seite nicht richtig geladen. Ist ein Alt-Text hinterlegt, wird dieser alternativ angezeigt. Andernfalls bleibt der Platz, an dem das Bild angezeigt werden würde, leer. Abgesehen davon bekommt Google durch die Alternativbeschreibung ein Signal und kann im besten Fall zuordnen, worum es auf deiner Seite inhaltlich geht.

d) Gespiegelte Inhalte zwischen Webseite und Google Business Account

Der Business Account ist sehr wichtig für die regionale Auffindbarkeit deines Unternehmens, denn er nimmt in der mobilen Ansicht die ersten Plätze ein, noch bevor organische Suchergebnisse auf Google angezeigt werden. Damit der Business Account richtig funktioniert, muss er technisch in er Lage sein, die Produkte bzw. Dienstleistungen deiner Webseite eindeutig widerzuspiegeln. Du solltest jede Kleinigkeit beachten: Hast du auf deiner Webseite z. B.

eine Telefonnummer mit der Landesvorwahl „+49" angegeben, ist es wichtig, im Business Account dieselbe Schreibweise zu verwenden – und nicht eine Städtevorwahl wie „06", „03" o. ä. Es gilt also, jede Ziffer, jeden Buchstaben, jedes Detail eins zu eins zu übertragen, um eine reibungslose Kommunikation sicherzustellen.

e) Aktualisierungsintervalle

Die Relevanz regelmäßiger Aktualisierung von Inhalten und Bildern auf der Webseite wurde bereits erwähnt. Hierfür eignen sich z. B. reine Textergänzungen oder neue Blogbeiträge.

f) Ladegeschwindigkeit (pagespeed)

Die Ladegeschwindigkeit deiner Seite entscheidet darüber, ob ein potenzieller Kunde auf der Seite bleibt oder zu einem Mitbewerber wechselt, weil es ihm zu lange dauert, bis deine Seite lädt. Halte Abstand von großen Datenmengen, die sich negativ auf die Performanz deiner Seite auswirken. Bilder kannst du z. B. über kostenlose Tools im Internet komprimieren. Allein diese Optimierung erhöht die Ladegeschwindigkeit der Webseite bereits um ein Vielfaches.

g) AdWords-Kampagnen

Helfen all die genannten Punkte nicht schnell genug, kannst du vorrübergehend Werbekampagnen mit AdWords schalten, was die Kosten jedoch schnell exponentiell steigen lassen kann. Dieses Vorgehen ist nicht ökonomisch und daher als kurzfristige Abhilfe gedacht.

2.3 Empfehlung für eine professionell begleitete Optimierung

Optimierungen, die über die zuvor genannten Aspekte hinausgehen, sind deutlich komplexer. Deshalb empfiehlt es sich, spätestens ab diesem Zeitpunkt externe Unterstützung mit entsprechender Expertise hinzuzuziehen. Nicht nur, dass du viel Zeit aufwenden müsstest, um dir das nötige Wissen anzueignen. Du bedrohst auch deine Existenz, wenn du dein Kerngeschäft vernachlässigst. Vermeide es Scherben zu hinterlassen, denn das Aufsammeln bedeutet bekanntlich ein erhöhtes Investment an Zeit und Geld. Wie bereits erwähnt, werden Unternehmenswebseiten im schlimmsten Fall durch gefährliches Halbwissen nicht nur abgemahnt, sondern auch aus der Google-Indexierung entfernt, das solltest du um jeden Preis verhindern. Erspare dir also nicht zielführende Umwege, durch die du am Ende aufgrund einer laienhaften Herangehensweise doch nur Zeit und Geld verbrennst. Fokussiere dich stattdessen auf das, worauf es bei der Auswahl externer Unterstützung ankommt:

a) Hüte dich vor Blendern

Schütze dich und dein Unternehmen vor Blendern, indem du folgende Grundsätze beherzigst: Halte dich fern von Anbietern, die dir ihre Dienstleistung unter Druck aufzwingen wollen. Achte auf unseriöse Versprechen, z. B. über Nacht reich zu werden. Lass dir Zeit bei deiner Entscheidung. Verlasse dich nicht nur auf Bewertungen, sie lassen sich im Internet kaufen und können gefälscht werden. Greife auf verschiedene Quellen zurück und recherchiere gründlich. Suche das Gespräch mit verschiedenen Anbietern, stelle kritische

Fragen und achte auf die Reaktionen. Sei achtsam und überlege, ob das, was du hörst, tatsächlich Sinn ergibt.

b) Investiere nicht unnötig viel Geld in teure Agenturen

Bekanntermaßen lassen sich viele Agenturen fürstlich für ihre SEO-Dienste bezahlen. Musst du wirklich so viel Geld in die Hand nehmen, um dich und dein Business in Sachen SEO optimal begleiten zu lassen? Diese Frage kann ich mit einem klaren Nein beantworten. Ich komme selbst aus schweren Verhältnissen und weiß genau, welche Herausforderungen Startups und Unternehmen zu meistern haben, daher ist mir ein Grundsatz in meinem Business total wichtig: Klein-, Mittel- und Großunternehmen ökonomisches Wachstum ermöglichen. Einfacher ausgedrückt: Ich wollte ein goldlasiertes Steak aus Dubai ohne Qualitätsverlust für jeden zum Discounter-preis zugänglich machen. Das ist mir tatsächlich gelungen: Durch die Entwicklung vollautomatisierter Netzwerk-Systeme, die u. a. Algorithmen berücksichtigen und selbstständig Aktualisierungen vornehmen, ist es möglich, zigtausend Städte gleichzeitig zu bedienen, nachdem zunächst einmalig einzelfallbezogene Inhalte für den Kunden erstellt werden. Am Ende erhält der Kunde Premium SEO zu einem Discounter-Fixpreis. Vollautomatisierungen ermöglichen zudem eine unglaubliche Zeitersparnis in Bezug auf SEO-Aufbauarbeiten, die bisher teilweise Jahre in Anspruch genommen haben. Die kundenfreundlichen Systeme meines Unternehmens, die in ihrer Ökonomie enorm effizient sind, bescherten der Adsolutions-Plus schließlich eine Premium-Partnerschaft mit der Webgo GmbH, einem etablierten Full-Service-Provider in Deutschland. Mit den verschiedenen Systemen wird SEO nicht nur für jeden Kleinunterneh-mer bezahlbar, sondern sie bedeutet auch für Mittelständler und Großunternehmen eine massive Ersparnis in Bezug auf Ressour-cen wie Zeit und Geld. Der Kunde kann nach Rücksprache mit uns entscheiden, ob und wieviel er unter Anleitung selbst erarbeiten will und was er uns überlassen möchte.

Es ist also durchaus möglich, SEO mit externer Unterstützung günstig und schnell für das eigene Unternehmen aufzubauen – im Unterschied zu den Versprechen von Blendern jedoch nicht schnell-schnell. Anders ausgedrückt: Günstig geht. Schnell geht auch – aber eben nicht schnell-schnell. Der Unterschied ist gewaltig.

Fazit: Eine einfache Website reicht nicht aus, um als Unternehmen Sichtbarkeit im Internet zu erlangen. Um marktfähig zu sein, ist es notwendig, erfolgreich auf sich aufmerksam zu machen. SEO ist ein komplexes und zugleich kraftvolles Online Marketing-Tool, dessen Grundsätze zu verstehen sich lohnt. Das Verständnis versetzt ei-nerseits in die Lage, Einzelmaßnahmen in Einklang zu bringen. An-dererseits verhindert es Google-Abmahnungen und im schlimmsten Fall die Entfernung der eigenen Unternehmensseite aus dem Google-Index. Unter Anleitung und Begleitung externer Expertise wird ein ökonomisches Wachstumsverhältnis für einen exponentiel-len Unternehmenserfolg möglich, das für Klein-, Mittel- und Großun-ternehmen gleichermaßen bezahlbar ist. Mit der Planbarkeit von SEO-Erfolg zum fixen Discounterpreis lässt sich ebenso der Unter-nehmenserfolg planen. Erfolg hat demnach nichts mit Glück zu tun: Er ist erlernbar, planbar und skalierbar – auch für dich.

MARKUS BJÖRN
GÜNTHER

Über den Autor

Markus Björn Günther[8] ist ein für seine Kundenfreundlichkeit aus-
gezeichneter Experte für Online Marketing mit dem Schwerpunkt
Search Engine Optimization (SEO), zudem begleitet er die Rekon-
zeptionierung von Betrieben. Mit 32-jähriger Lebens- und 15-jähri-
ger Marketingerfahrung unterstützt er Unternehmer dabei, ihr Al-
leinstellungsmerkmal herauszuarbeiten sowie ihre Online-Auffindbarkeit zu maximieren, sodass ihr Portfolio die leistungsstärkste
Umsatzkraft entfaltet.

Aus schweren Verhältnissen kommend, ist Markus bereits in frühen
Jahren selbstständig und lernt sich durchzusetzen. Er weiß genau,
was es bedeutet, ohne Obdach zu sein und mit wenig Mitteln aus-
zukommen. Mit seinem Unternehmen Adsolutions-Plus setzt er daher auf ein ökonomisches Wachstumsverhältnis. Er hat ein vollau-
tomatisiertes System entwickelt, das die Online-Auffindbarkeit von
Unternehmen revolutioniert: Planbarer SEO-Erfolg zum fairen Fix-
preis – bezahlbar für jeden!

Motto: »Erfolg hat nichts mit Glück zu tun. Er lässt sich erlernen,
planen und skalieren.«

---

[8] www.adsolutions-plus.de

Anamaria Hager
Erfolgreich trotz Managerstress durch Chronobiologische Ernährung

Körper, Geist und Emotion haben Einfluss auf persönlichen und beruflichen Erfolg, das ist schon lange kein Geheimnis mehr. Rational wissen wir das alle. Und doch kommt die Anwendung dieses Wissens vor allem im Unternehmeralltag oft zu kurz. Viele Unternehmer konzentrieren sich auf ihr Umfeld. Sie schauen, dass ihr Geschäft läuft, dass es ihren Mitarbeitern sowie ihrer Familie gut geht und vergessen dabei das Wichtigste – sich selbst.

Dabei weiß jeder Unternehmer inzwischen, dass Erfolg mit Leistungsfähigkeit und Ausdauer zu tun hat. Erfolg stellt sich nicht dadurch ein, für eine bestimmte Zeit Gas zu geben und dann alles von allein weiter laufen zu lassen. Für nachhaltigen und langfristigen Erfolg braucht es eine Balance zwischen Körper, Geist und Emotion. Entscheidend dafür sind die Nährstoffe in unserem Körper. Sie bestimmen, wie es uns gesundheitlich geht, ob wir konzentriert, motiviert sowie leistungsfähig sind und wie gut wir uns regenerieren können, um stressresistent sowie resilient zu sein.

Genau deshalb unterstütze ich mit der chronobiologischen Ernährung Unternehmer, die ihre Ernährung als Erfolgsfaktor nutzen möchten, ohne aus Ihrem Essverhalten eine Religion zu machen. Gesundheit und Erfolg haben nichts mit Perfektion zu tun, sondern mit Ausgeglichenheit und Rhythmus, daher befasse ich mich seit 20 Jahren mit den positiven Effekten einer natürlichen Ernährung im Takt der inneren Uhr: Wenn wir die Aktivitäten unserer Enzyme und

Organe verstehen, sie berücksichtigen und die richtigen Lebensmittel zur richtigen Mahlzeit verzehren, also unsere Ernährung nach der inneren Uhr ausrichten, dann schaffen wir ein Maximum an Effektivität durch funktionierende Abläufe und Prozesse in unserem Körper. Das beginnt bei der Aufrechterhaltung von Leistungsfähigkeit und endet bei Reparaturarbeiten in den Zellen. Regelmäßig und richtig angewandt, entfaltet die chronobiologische Ernährung ihre Kraft auf allen Ebenen unseres Wohlbefindens. Wir müssen unseren Körper nicht unter Druck setzen oder bestrafen. Es genügt, ihm die richtigen Nährstoffe zur richtigen Zeit zu geben.

1. Chronobiologische Ernährung

Chronos ist das griechische Wort für Zeit. Biologie ist die Wissenschaft der Lebewesen. Die Chronobiologie untersucht also die zeitliche Organisation von Prozessen in Organismen. Sie wird als „innere Uhr" bezeichnet und steuert unseren gesamten Stoffwechsel. Darüber hinaus hat sie Einfluss auf unsere energetischen, hormonellen sowie neurologischen Systeme. In diesem Zusammenhang hat sich auch die Verwendung der Begriffe „Lerche" und „Eule" als weit verbreitete Typisierung für einen Frühaufsteher bzw. Nachtmenschen eingebürgert.

Während die Chronobiologie schon lange etabliert ist, ist die Chronobiologie der Ernährung als Wissenschaft noch sehr jung. Die Wissenschaft über das Essen nach der inneren Uhr befasst sich speziell mit den Auswirkungen der Ernährung auf das Zusammenspiel unseres physiologischen Tages- und Nacht-Körperrhythmus.

Dazu gehören z. B. alle enzymatischen und hormonellen Ausschüttungen.

Mit der chronobiologischen Ernährung lassen sich Nahrungsaufnahme und Körperrhythmen in Einklang bringen. Es wird möglich, eine optimale Verwertung der Nährstoffe und ein Maximum an gesundheitsfördernden Effekten auf Körper und Geist zu erreichen, denn das Verstehen relevanter Zusammenhänge liefert individuell neue „Aha-Momente": Während ein gesundes Lebensmittel bei regelmäßigem Verzehr zu einer bestimmten Mahlzeit für Motivation, Konzentration, gute Laune und sogar Fettreduzierung sorgt, kann genau das gleiche Lebensmittel bei gewöhnlichem Verzehr zu einer anderen Mahlzeit des Tages zu schlechter Regeneration, hohen Cholesterinwerten und Unverträglichkeiten führen. So bewirken wir mit unserer Ernährung oft unbewusst genau das Gegenteil von dem, was wir eigentlich erreichen möchten.

Dabei spielt es keine Rolle, ob wir uns vegetarisch oder vegan, als Mischköstler, als Flexitarier oder als Rohköstler ernähren – es geht lediglich darum, mit Regelmäßigkeit das richtige Lebensmittel zur richtigen Tagesmahlzeit zu verzehren. Wohlgemerkt: DEINES Tages, ganz gleich, wann du frühstückst oder zu Mittag isst, denn wir „ticken" alle unterschiedlich.

2. Balance – Bausteine einer natürlichen Ernährung im Takt der inneren Uhr

Alles im Leben hat etwas mit der richtigen Balance zu tun. Faktoren wie Stress, Zeitdruck, Luftverschmutzung oder denaturiertes Essen führen zu einer „Unordnung" im faszinierenden Gesamtkonstrukt Mensch und bringen uns aus dem Takt. Länger andauernde Disbalancen äußern sich in Form von Symptomen wie Migräne, schlechter Laune, Ungeduld, Heißhunger, Lebensmittelunverträglichkeiten, Gewichtsproblemen, Müdigkeit, Schlafproblemen und vielem mehr. Gelingt es uns, die Körpersignale richtig zu deuten, die Ursachen zu verstehen sowie an der richtigen Stelle und zur richtigen Zeit anzupacken, können wir weit mehr beeinflussen als unsere Gene und Umweltfaktoren es tun. Als Ergebnis erhalten wir Gesundheit, Vitalität und Leistungsfähigkeit. Vor diesem Hintergrund betrachten wir als Nächstes unseren Lebensrhythmus, die Lebensmittelqualität und den Zeitpunkt für die Lebensmittelaufnahme als relevante Aspekte mit Einfluss auf unseren Körper und unseren Geist.

2.1 Lebensrhythmus – finde heraus, wie dein Körper „tickt"

Unabhängig davon, ob du dein Energielevel steigern, Beschwerden loswerden oder eine Top-Gesundheit erzielen möchtest: dein Lebensrhythmus spielt eine wesentliche Rolle. Um deine individuelle Zufriedenheit in verschiedenen Bereichen zu beurteilen, reflektiere zunächst deinen eigenen Lebensrhythmus, indem du dir selbst ein paar Fragen beantwortest:

- Wie startest du in den Tag und wie gehts dir dabei?
- Bist du „Lerche" oder „Eule"?
- Wann fängt für dich die Arbeit an?
- Gönnst du dir Pausen? Wie gestaltest du sie?
- Hast du grundsätzlich sehr lange Arbeitstage oder ist es unterschiedlich?
- Isst du am Laptop? Liest und beantwortest du dabei Textnachrichten auf dem Handy?
- Wann nimmst du deine Mahlzeiten ein? Überspringst du sie gerne?
- Trinkst du ausreichend Wasser?
- Achtest du darauf, auch in der Firma frisches Gemüse, Obst und Nüsse für dich und dein Team verfügbar zu haben?
- Welche Gedanken hast du beim Essen und worüber unterhältst du dich, wenn du zusammen mit Mitarbeitern und Kollegen isst?
- Gehst du regelmäßig an die frische Luft?
- Wie definierst du Sport für dich und welche Art von Bewegung praktizierst du?
- Wie viele Stunden Schlaf brauchst du? Wie viele gönnst du dir?
- Schläfst du durch oder liegst du immer wieder wach im Bett und kannst nicht einschlafen?

Achte darauf, dass du bei der Beantwortung der Fragen ehrlich zu dir selbst bist, ohne auf den Kritiker in dir zu hören. Es geht nicht um richtig oder falsch. Im Vordergrund steht die Bewusstseinschaffung, denn dein Bewusstsein ist der Türöffner für deine ganz individuellen Lösungen.

2.2 Lebensmittelqualität – setze auf ein gesundes Fundament

Es heißt: „Du bist, was du isst", doch zur Qualität der Lebensmittel gehen die Expertenmeinungen auseinander. Klar ist in jedem Fall: Je mehr Nähstoffe enthalten sind, desto besser.

Die Qualität der Pflanzen, die im Boden wachsen, ist von der Bodenqualität abhängig, die Industrialisierung des Essens hat jedoch chemische Spritzmittel, bedenkliche Lebensmittelzusätze, Gifte und eine starke Weiterverarbeitung mit sich gebracht. Dieser Umstand wirkt sich nachweislich negativ auf unseren Körper aus. Entsprechend ist es nicht verwunderlich, dass sich viele Symptome meiner Klienten mit Hilfe von speziellen Messungen auf genau diese Substanzen zurückführen lassen. Es handelt sich um Schadstoffe, die sich tief in unseren Zellen ablagern. Daher empfiehlt sich, möglichst zertifizierte Bio-Lebensmittel von deutschen Bio-Anbauverbänden zu essen, für schonende Lebensmittelzubereitung zu sorgen und insgesamt industriell verarbeitete Lebensmittel zu meiden. Je naturbelassener die Lebensmittel, desto besser kann der Körper die Nährstoffbestandteile aufspalten und verwerten – ohne Beschwerden und Unverträglichkeiten, ohne unnötige Fettpolster, ohne Einbußen an Energie und Wohlbefinden. Ein gutes Beispiel hierfür ist die häufige Frage danach, ob Milchprodukte gesund sind oder nicht, ob sie uns übersäuern oder uns Energie liefern, ob sie uns gute Laune oder doch hohe Cholesterinwerte und unnötiges Hüftgold schenken. Die Antwort darauf lautet: Es ist alles eine Frage der Qualität und des Zeitpunktes. Ein Rohmilchkäse z. B. wird weder pasteurisiert noch ultra-hocherhitzt, dadurch behält er sein natürliches Nährstoffmuster und unsere Verdauungsenzyme können alle

Bestandteile erkennen, aufspalten und verwerten – mit besonderen Vorteilen im Hinblick auf Verträglichkeit, Blutfette, Energielevel und Figur, sofern wir ihn morgens zum Frühstück genießen.

Der enge Zusammenhang zwischen Qualität und Wirkung gilt im Übrigen für alle Lebensmittel – unabhängig davon, ob sie vegetarisch, vegan oder tierisch sind. Dabei entscheidest du selbst, ob du tierische Produkte essen oder lieber darauf verzichten möchtest.

2.3 Zeitpunkt – versorge deinen Körper im Einklang mit der inneren Uhr

Wie bereits erwähnt, entfalten Lebensmittel je nach Zeitpunkt des Verzehrs eine unterschiedliche Wirkung. Mit einfachen Mitteln lassen sich erfolgreich Effekte für Einzelne, Teams und Unternehmen erzielen, die im Folgenden vorgestellt werden.

2.3.1 Chronobiologischer Tipp für Energie und Vitalität

Es wird oft gesagt, dass Fette ungesund seien. Diese Behauptung lässt sich nicht pauschal stützen. Z. B. eignen sich Avocado, Sesamsamen, Kokos, Eier, Rohmilchbutter oder ein Rohmilchkäse (wie Parmesan und Bergkäse) perfekt zum Frühstück. Die natürlich gesättigten und einfach ungesättigten Fette darin liefern konstante Energie bis zum Mittag. Dazu sorgt der hohe Anteil an Calcium, Magnesium und B-Vitaminen in diesen Lebensmitteln für eine gute Kommunikation der Nervenzellen, für gute Konzentration und Stressresistenz. Aktuelle Studien in der Chronobiologie der Ernährung belegen, dass diese natürlichen gesättigten Fette morgens verzehrt, die körpereigene Fettproduktion reduzieren. Das führt auf

Dauer ganz nebenbei zu einer schlankeren Linie und gesundheits-
fördernder Cholesterinsenkung. Allerdings ist diese wundersame
Wirkung beim Genuss von gesättigtem Fett nur morgens möglich,
da nur zu diesem Zeitpunkt spezielle Körperenzyme aktiv sind, und
nur wenn diese Lebensmittel möglichst unverarbeitet gegessen
werden. Regelmäßig abends konsumiert, stören gesättigte Fette
deine Regenerationsprozesse sowie deinen Schlaf und erhöhen
dein Körperfett unnötig.

Für Energie und Vitalität zum Start in den Tag bietet sich z. B. Parmesan oder Avocado auf frischen Tomaten mit Kräutern zum Frühstück an.

2.3.2 Chronobiologischer Tipp für Konzentration und Ausdauer

Mittags neigen wir oft dazu, uns schnell noch einen Kaffee zu ko-
chen, statt eine Mittagspause zu machen. Doch die ist wichtig, denn
Kaffee steigert nur kurz die Konzentration, während der Körper zu
diesem Zeitpunkt Mineralstoffe und proteinreiche Lebensmittel benötigt. Proteine sind z. B. in eisenreichen Kürbiskernen, Bohnen
und Linsen sowie in Fleisch enthalten. Chronobiologisch betrachtet,
kann der Körper mittags alle natürlichen Proteine optimal verwerten.
Es sind bestimmte Enzyme nötig, um gerade die komplexen Proteine aufzuspalten, und diese Enzyme sind hauptsächlich mittags aktiv. Der Vorteil von protein- und eisenreichen Mahlzeiten zu dieser
Zeit ist, dass sie für Ausdauer, Sauerstoffversorgung der Gehirnzel-
len und Kraft für gute Entscheidungen sorgen. Gleichzeitig liefern
die enthaltenen Aminosäuren die Bausteine für den Gesamtstoff-
wechsel. Das ist besonders wichtig, denn: Ohne Proteine keine

Aminosäuren, keine Hormone, keine Verdauungsenzyme und keine Regeneration.

2.3.3 Chronobiologischer Tipp für Glückshormone

Gelassenheit und gute Laune sind wichtig für den Arbeitsalltag, um z. B. zwischenmenschliche Beziehungen zu stärken, Herausforderungen zu meistern und Konflikte zu reduzieren. Die gute Nachricht ist, dass wir alle in der Lage sind, selbst Glückshormone zu produzieren, auch wenn wir sie nicht auf Dauer speichern können. Die körpereigene Produktion gelingt am besten durch die Kombination aus Nüssen und Süße am Nachmittag, z. B. durch den Verzehr von rohen Nüssen zusammen mit Obst. Naturbelassene Nüsse sind reich an Vitalstoffen, die durch neurologische Prozesse zu Entspannung, Gelassenheit und Sättigung führen. Erst zusammen mit der Süße im Obst entfaltet sich nachmittags die höchste glücksfördernde Wirkung.

Schnelle Kohlenhydrate wie z. B. Weißbrot und Süßigkeiten sind hingegen nicht geeignet, denn nur bei einem stabilen Blutzuckerwert können die ausgeschütteten Glückshormone lange wirken. Abschließend sei erwähnt, dass nur unbehandelte Nüsse diese Wirkung entfalten, denn die darin enthaltenen Vitalstoffe mit glücksfördernder Wirkung sind hitzeempfindlich.

Sinnvoller Nebeneffekt: Glückshormone werden abends in Schlafhormone umgewandelt.

2.3.4 Chronobiologischer Tipp für Gehirn, Herz und Schlaf

Am Abend, wenn du deine Aktivitäten abgeschlossen hast, wird im Gehirn Melatonin gebildet – ein Anti-Aging- und Schlafhormon. Wie viel davon der Körper produziert, hängt davon ab, wie gut er zur richtigen Zeit mit Nähr- und Vitalstoffen versorgt wird. Sofern am Nachmittag durch die richtige Versorgung deines Körpers bereits reichlich Glückshormone ausgeschüttet worden sind, hast du eine gute Basis für erholsamen Schlaf am Abend.

Ein guter Schlaf ist für Körper und Psyche wie den PC herunterzufahren und erfolgreich wieder neu zu starten, da Zellen im Schlaf grundlegend repariert und neu gebildet werden. Damit dies im vollen Umfang geschieht, braucht es abends Lebensmittel, die reich an Omega-3 des Typs DHA und EPA sind. Es ist z. B. in Algenöl sowie in fettreichen Meeresfischen enthalten. Diese Art von Omega 3 hilft allgemein bei Stress, Entzündungen und Schmerzen. Ausschließlich abends entfaltet es seine wichtigste Wirkung: die nächtliche Regeneration aller Zellmembranen, vor allem der des Gehirns, der Augen und des Herzens. In diesem Sinne empfiehlt sich, abends ein Teelöffel Algenöl oder einen frischen Fisch zu verspeisen.

2.4 Ausnahmen – übe das Loslassen

Vielen Unternehmern fällt es schwer, Kontrolle abzugeben. Umso wichtiger ist für sie die Erfahrung, mit gutem Gewissen loslassen und genießen zu können. Deshalb sind Ausnahmen fester Bestandteil eines erfolgreichen Regelwerks, und zwar ohne Wenn und Aber.

Bei Ausnahme-Mahlzeiten ist es egal, wie kalorienreich, süß oder fettreich die Lebensmittel sind. Da unser Körper durch eine natürliche Ernährung im Takt der inneren Uhr sowieso bestens versorgt ist, verändern sich Geschmackssinne, Versorgungszustand, Körperstruktur und Bedarf. Unser neues Essverhalten wird zur Routine und es besteht keine Gefahr mehr, dass wir uns z. B. bei der nächsten Veranstaltung „überfressen".

Wenn Ausnahmen zur Regel gehören, fallen bestimmte Dinge auf. Plötzlich scheinen bekannte Lebensmittel salziger oder süßer zu schmecken als sonst. Oder wir spüren, dass sie sich im Magen doch nicht mehr so gut anfühlen wie früher. Solche Erfahrungen sind wichtig, um wahrzunehmen, was und wie viel davon unser Körper jetzt braucht. Es findet also eine natürliche Regulierung statt. Es handelt sich hier um einen positiven Prozess ohne Selbstbestrafung nach dem Motto: „Heute gesündigt, morgen nix essen".

3. Mangelnder Wille vs. Nährstoffmangel

Unternehmer haben meist einen starken Willen und schon viel im Leben erreicht. Umso schwerer wiegt das Gefühl, sich in puncto Ernährung selbst nicht ausreichend im Griff zu haben. Fast schon etwas verschämt erzählen sie dann im Vertrauen, dass sie am Nachmittag nach zu viel Süßem greifen. Andere erzählen, dass sie nicht so gut schlafen können, gestresst oder nicht ausreichend gelassen sind. Sie wünschen sich mehr Ruhe und Energie und vor allem gute Nerven für ihre Mitarbeiter, wenn diese abends an die Bürotür klopfen und nachfragen, ob der Chef noch ein paar Minuten für sie habe. In Wirklichkeit lässt sich Heißhunger jedoch nicht mit einem ausreichend starken Willen bezwingen. Unser Körper als wichtigste Ressource hat uns im Griff und verlangt nach der richtigen Versorgung. Egal ob Energiemangel, Gereiztheit, Verspannung oder typischer Heißhunger auf Süßes, der uns plötzlich Büroschubladen und den Kühlschrank plündern lässt – all diese Symptome haben eine simple Ursache: Der Körper ist unterversorgt und aus dem Rhythmus! Das hat nichts mit schwachem Willen zu tun, auch wenn wir das aus der Gewohnheit heraus fehlinterpretieren.

Insofern ist es empfehlenswert, die reale Körperversorgung mit Mineralstoffen, Vitaminen, Spurenelementen und die eventuellen Schadstoffbelastungen professionell messen zu lassen. Solche komplexen Messungen lassen sich inzwischen innerhalb von wenigen Minuten mittels einer Spektralphotometrie, also mit Licht durch die Haut, durchführen.

Die Messergebnisse zeigen zum einen auf, in welchen Bereichen bereits eine gute Versorgung besteht. Zum anderen machen sie sichtbar, inwiefern vorherrschende Mängel und toxische Stoffe die Nährstoffaufnahme behindern sowie Beschwerden verursachen. Hieraus lassen sich individuelle Nährstoffprioritäten ableiten, sodass künftig die richtige Auswahl an Lebensmitteln für den Köper getroffen und in entsprechender Qualität sowie im Einklang mit dem eigenen Körperrhythmus konsumiert werden kann. Bei Bedarf kann auch auf natürliche Extrakte zurückgegriffen werden, um im akuten Fall nicht täglich 5 kg Brokkoli o. Ä. verzehren zu müssen.

4. Erfolg ist ansteckend

Meiner Erfahrung nach erleben Unternehmer, die die chronobiologi-sche Ernährung für sich entdecken, zügig gewünschte und oft auch unerwartete positive Effekte. Sie sind energiegeladen, produktiv, konzentriert, beschwerdefrei, lebensfroh, aufgeweckt, aufmerksam – kurzum: Sie fallen durch ihre Ausstrahlung und ihr Aussehen auf und stecken andere förmlich an. Menschen in ihrem Umfeld reali-sieren, dass auch sie an Gesundheit, Attraktivität und Vitalität ge-winnen können. Getrieben durch Neugier gehen sie in den Aus-tausch – was beim Einzelnen startet, schwappt lawinenartig auf das gesamte Team über. Der Wunsch nach mehr Informationen, konkre-ten Ansätzen und wirksamen Lösungen mündet in gemeinsamen Impuls-Workshops zur körperlichen, mentalen und emotionalen Fit-ness im Takt der inneren Uhr. Im Ergebnis wirkt sich die neu ge-wonnene Gesundheit auf Effektivität und Effizienz aus. Gleichzeitig führt die positive Veränderung im Team zu neuen kollektiven Unter-nehmenserfolgen. Erfolg ist also tatsächlich ansteckend!

Fazit: Wie gut wir uns im Takt der inneren Uhr mit Nährstoffen versorgen, entscheidet darüber, wie klar und lösungsorientiert wir denken, wie souverän wir mit Stress umgehen, wie motiviert, leistungsfähig und resilient wir sind. Für den nachhaltigen und vor allem ganzheitlichen Unternehmenserfolg müssen Führungskräfte und Mitarbeiter nicht makellos sein, sondern rundum ausgeglichen. Denn persönliches Glück, Gesundheit und Erfolg sind eine Frage des Gleichgewichts und nicht der Perfektion. Das Ziel der chronobiologischen Ernährung samt Regeln und Ausnahmen ist, mit minimalem Aufwand ein Maximum an positiven Effekten zu bewirken. Gleichzeitig geht es dabei um Achtsamkeit, Wirksamkeit, Balance und Lebensgenuss. Wer nicht genießt, wird ungenießbar!

ANAMARIA
HAGER

Über den Autor

Anamaria Hager[9] ist leidenschaftlicher Gesundheitscoach und Mentaltrainer. Ausgebildet von Prof. Dr. Jean-Robert Rapin, einem der Pioniere im Bereich der Chronobiologie der Ernährung an der französischen Universität Bourgogne, ist sie im deutschsprachigen Raum die einzige Expertin für das Chronobiologische Ernährungstraining (CbE). Ihr bahnbrechendes Konzept richtet sich an Unternehmer. Es baut auf 20-jährige Expertise und kombiniert Natürlichkeit, Essen nach der inneren Uhr, Genetik sowie Stressmanagement miteinander.

Anamaria zelchnet sich aus durch Facettenreichtum und außergewöhnliche Netzwerke auf Basis von zwischenmenschlichen Beziehungen – von Gourmet-Köchen und -Restaurants über einflussreiche Manager bis hin zu Thomas Baschab, dem Mentalcoach zahlreicher Spitzensportler und Olympiasieger.

In ihrer Freizeit schlägt Anamarias Herz für Benefiz-Projekte wie z. B. das Kinderhospiz Stuttgart.

Motto: »Wer nicht genießt, wird ungenießbar!«

---

[9] www.anamariahager.de

Dieses Buch ist ein Sammelband. Die Projektleitung bzw. der Herausgeber Yasemin Yazan haftet nicht für die inhaltliche Richtigkeit. Die Autoren sind für die Konformität ihrer Beiträge gem. geltendem Recht selbst verantwortlich.

© Dieses Werk, einschließlich seiner Teile, ist urheberrechtlich geschützt. Jede Verwertung ist ohne Zustimmung der Projektleitung bzw. des Herausgebers unzulässig. Dies gilt insbesondere für die elektronische oder sonstige Vervielfältigung, Übersetzung, Verbreitung und öffentliche Zugänglichmachung.

Für Zitate oder Rezeptionen ist folgende Quellenangabe zwingend erforderlich:
Yazan, Yasemin (2020) (Hrsg.): ERFOLG REICH. Tools & Techniken mit Strategie – sicher ins Ziel als Unternehmer & Unternehmen. 1. Auflage. Frankfurt am Main

Printed in Poland
by Amazon Fulfillment
Poland Sp. z o.o., Wrocław

67667934R00114